普通高等学校"十三五"数字化建设规划教材

大学计算机基础习题与上机指导

主　编　杨焱林
副主编　邓安远
主　审　黄维通

北京大学出版社
PEKING UNIVERSITY PRESS

内 容 简 介

本书是杨焱林教授主编的《大学计算机基础》(北京大学出版社)的配套教材,用于指导学生实验教学,也可以作为学生课后学习的参考教材。本书以培养学生的计算机应用能力为宗旨,精心设计了指法练习、操作系统的使用、办公自动化软件应用、Internet 基础应用、常用工具软件的实验,最后还设计了综合应用实验。此外,还给出 10 个单元的习题,以选择题、填空题和简答题的形式强化对知识点的理解。本书还选取了全国计算机等级考试一级的部分题目,以开阔学生视野。

本书配套云资源使用说明

本书配有微信平台上的云资源，资源类型包括：实验指导视频、可下载源文件、素材、效果图，请激活云资源后开始学习。

一、资源说明

本书云资源按章节配有实验指导视频、可下载源文件、素材、效果图的二维码。

1. 实验指导视频：视频对实验操作步骤进行示范，形象直观，方便学生学习，提高效率。

2. 可下载源文件：提供了实验所需源文件，学生可直接下载源文件进行实验，节省了学生录入的时间。

3. 素材：提供了实验所需素材，学生可直接下载使用。

4. 效果图：实验完成后将达到的效果。

二、使用方法

1. 打开微信的“扫一扫”功能，扫描关注公众号(公众号二维码见封底)。

2. 点击公众号页面内的“激活课程”。

3. 刮开激活码涂层，扫描激活云资源(激活码见封底)。

4. 激活成功后，扫描书中的二维码，即可直接访问对应的云资源。

注：1. 每本书的激活码都是唯一的，不能重复激活使用。

2. 非正版图书无法使用本书配套云资源。

前　　言

高校计算机公共基础课程的教学目的是提高学生应用计算机的能力。这就要求学生除掌握计算机基本常识和理论知识外，还要熟练掌握计算机的实际操作能力。以此为出发点，我们在多年实际教学的基础之上，编写了这本书。本书是与杨焱林主编的《大学计算机基础》教材配套使用的实验指导书和习题集，使学生通过本书的操作实践，进一步巩固教材理论知识，提高实际动手能力；也可以独立作为学生上机实训使用。

本书分为3大部分。第一部分为实验指导部分，内容包括指法练习和文字录入、Windows 7操作系统的使用、文字处理软件Microsoft Word 2010、电子表格处理软件Microsoft Excel 2010、演示文稿软件Microsoft PowerPoint 2010、Internet网络基础实验、计算机常用工具软件、综合应用等实验操作；第二部分为习题部分，以选择题、填空题、简答题等形式给出了共10个单元的习题；第三部分为模拟试卷，选入了近年的全国计算机等级考试的试题。本书在实验环节的设计上，为增加操作的实用性，尽可能地设计可操作性强、贴近日常需要、较为综合的实验案例，提高学生操作的兴趣和综合应用能力。理论习题部分附有参考答案，供读者参考。

本书由杨焱林教授任主编，邓安远教授任副主编。参加编写的有邓长寿、胡慧、胡芳、何立群、丁伟等。黄维通教授认真审阅了书稿，并提出许多宝贵意见。苏文华、沈辉构思并设计了全书数字化教学资源的结构与配置，余燕、付小军编辑了数字化教学资源内容，马双武、邓之豪组织并参与了教学资源的信息化实现，苏文春、陈平提供了版式和装帧设计方案。在此表示衷心感谢。限于时间和水平的关系，本书难免有不足和错误之处，为便于以后教材的修订，恳请专家、教师及读者多提宝贵意见。

编　　者

2018年1月

目　录

第一部分　实验指导

第二部分　习　题

第三部分　模拟试卷

第一部分　实验指导

实验一 指法练习和文字录入

一、实验目的

(1)熟悉微机系统的基本组成部件,了解计算机外设的连接方式。

(2)掌握微机的正确启动和关闭过程。

(3)熟悉键盘、鼠标的使用方法,了解计算机的工作方式。

(4)熟悉键盘操作时手指的击键分工,使用打字软件"金山打字通"并进行指法练习。

(5)掌握一种汉字输入法:全拼输入法、智能 ABC(标准)输入法、五笔输入法、和码输入法等。

二、实验内容及步骤

1. 熟悉组成部件

(1)通过观察熟悉计算机的外观——主机、显示器、键盘、鼠标。

(2)观察微机的外观和面板布置,注意电源指示灯、硬盘读写指示灯、USB 接口、音频接口,对微机的外观和面板布置做到心中有数。认真观察微机主机后面的插孔,注意观察打印机接口(并行口)、键盘接口、鼠标接口、串行口、网卡接口、声卡接口、显示器电源接口、主机电源接口,了解它们的作用。

(3)观察熟悉计算机各部件的外部连接关系。

①主机的电源连接;

②显示器电源线与数据线的连接;

③键盘、鼠标的连接;

④网络的连接。

(4)启动计算机。先打开显示器,再打开主机电源,观察启动时自检的提示信息。

2. 熟悉键盘操作与基本指法

(1)认识键盘。

目前常用的键盘有两种基本格式:PC/XT 格式键盘和 AT 格式键盘。在计算机键盘上,每个键完成一种或几种功能,其功能标识在键的上面。根据不同键使用的频率和方便操作的原则,键盘划分为 4 个功能区:主键盘区、功能键区、控制键区和小键盘区,如图 1-1所示。其中常用键的使用方法如下:

字母键:在键盘的中央部分,上面标有 A,B,C,D 等 26 个英文字母。在打开计算机以后,按字母键输入的是小写字母,输入大写字母需要同时按[Shift]键。

换挡键:即[Shift]键,两个[Shift]键功能相同。在 AT 格式的键盘上标有一个空心箭头和[Shift]标记,在 XT 格式的键盘上则只标有空心箭头。同时按下[Shift]键和具有

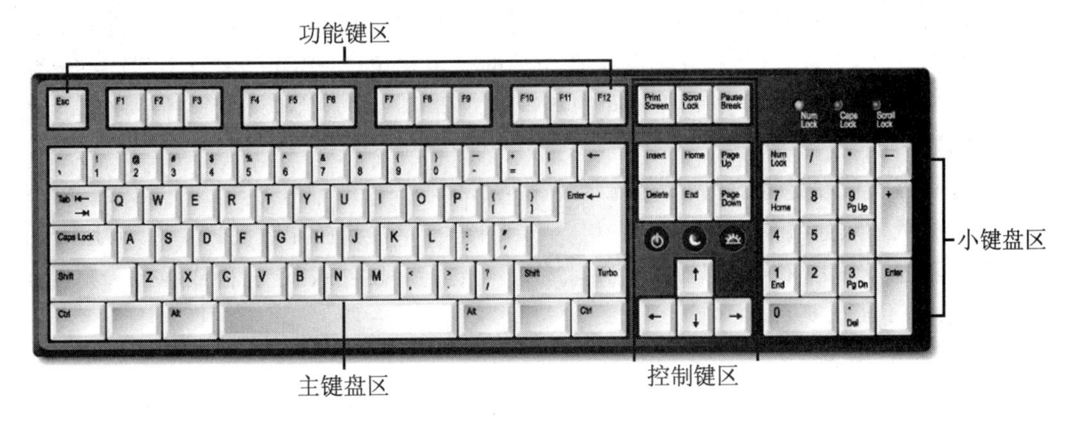

图 1-1 104 键 AT 键盘

上下档字符的键,输入的是上档字符。

字母锁定键:[Caps Lock]键。用来转换字母大小写,是一种反复键。按一下[Caps Lock]键以后,再按字母键输入的都是大写字母,再次按一下[Caps Lock]键转换成小写形式。

退格键:上面标有向左的箭头,在 AT 格式的键盘上,除标有箭头外还标有英文词"Backspace",这个键的作用是删除刚刚输入的字符。

空格键:位于键盘下部的一个长条键,作用是输入空格。

功能键:标有"F1,F2,F3,…,F11,F12"的 12 个键,不同的软件中它们的功能不同。

光标键:键盘上 4 个标有箭头的键,箭头的方向分别是上、下、左、右。"光标"是计算机的一个术语,在计算机屏幕上常常有一道横线或者一道竖线,并且不断地闪烁,这就是光标,光标是指示现在的输入或进行操作的位置。

制表定位键:在键盘左边标有两个不同方向箭头或者标有"Tab"字样的键。按一下这个键,光标跳到下一个位置,通常情况下两个位置之间相隔 8 个字符。

控制键:一些键的统称。这些键中使用最多的是[Enter]键,即回车键。[Enter]键位于字母键的右方,标有带拐弯的箭头和单词"Enter",它的作用是表示一行、一段字符或一个命令输入完毕。

键盘上有两个[Ctrl]键和两个[Alt]键,它们常常和其他的键一起组合使用。

键盘的右侧称为小键盘或副键盘,主要是由数字键等组成,数字键集中在一起,需要输入大量数字时,用小键盘是非常方便的。在小键盘的上方,有一个[Num Lock]键,这是数字锁定键。当 Num Lock 指示灯亮的时候,数字键起作用,可以输入数字。按一下[Num Lock]键,指示灯灭,小键盘中的数字键功能被关闭,但数字下方标识的按键起作用。

键盘上的另外一些键,在后面的各章里具体介绍软件时再介绍它们的功能。

(2)打字的姿势。

①身体保持端正,两脚平放。椅子的高度以双手可平放在桌面上为准,电脑桌与椅子之间的距离以手指能轻放基本键为准。

②两臂自然下垂轻贴于腋边，手腕平直，身体与桌面距离 20～30 cm。指、腕都不要压到键盘上，手指微曲，轻轻按在与各手指相关的基本键位（“ASDF”及“JKL;”）上；下臂和腕略微向上倾斜，使与键盘保持相同的斜度。双脚自然平放在地上，可稍呈前后参差状，切勿悬空。

③显示器宜放在键盘的正后方，与眼睛相距不少于 50 cm。

④在放置输入原稿前，先将键盘右移 5 cm，再把打字文稿放在键盘的左边，或用专用夹夹在显示器旁。力求“盲打”，打字时尽量不要看键盘，视线专注于文稿或屏幕。看文稿时心中默念，不要出声。

(3)打字的基本指法。

“十指分工，包键到指”这对于保证击键的准确和速度的提高至关重要。操作时，开始击键之前将左手小指、无名指、中指、食指分别置于“ASDF”键帽上，左拇指自然向掌心弯曲；将右手食指、中指、无名指、小指分别置于“JKL;”键帽上，右拇指轻置于空格键上。各手指的分工如图 1-2 所示。其中[F]键和[J]键各有一个小小的凸起，操作者进行盲打就是通过触摸这两键来确定基准位。

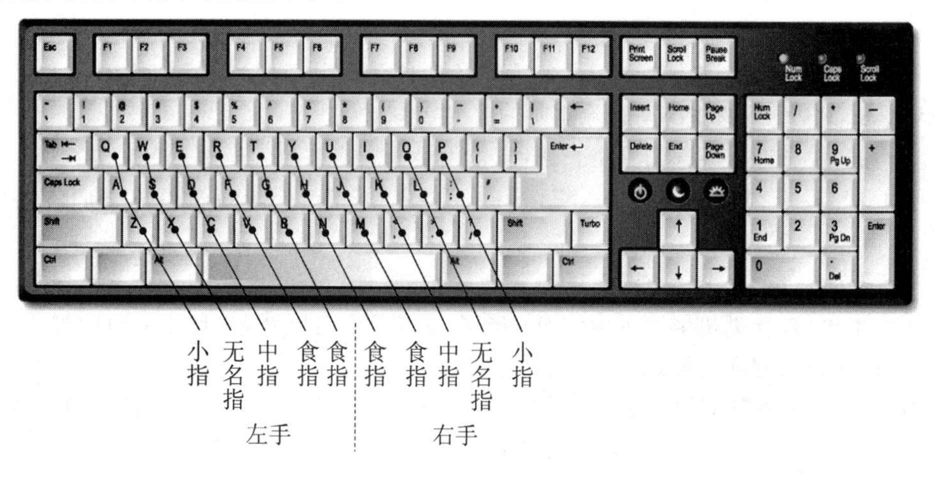

图 1-2 键位按手指分工

温馨提示：

①手指尽可能放在基本键位（或称原点键位；就是位于主键盘的第三排的“ASDF”及“JKL;”）上。左食指还要管[G]键，右食指还要管[H]键。同时，左手右手还要管基本键的上一排与下一排，每个手指到其他排“执行任务”后，拇指以外的 8 个手指，只要时间允许都应立即退回基本键位。实践证明，从基本键位到其他键位的路径简单好记，容易实现盲打，减少击键错误。再则，从基本键位到各键位平均距离短，也有利于提高速度。

②不要使用单指打字（用一个手指击键）或视觉打字（用双目帮助才能找到键位），这两种打字方法的效率比盲打要慢得多。

(4)指法练习。

具体的指法练习可以采用 CAI 软件——“金山打字通 2011”等来进行，利用 CAI 软件可以使指法得到充分的训练，以达到快速、准确地输入英文字母的目的。

3. 键盘汉字输入

键盘汉字输入是指汉字通过计算机的标准键盘，根据一定的编码规则来输入汉字的一种方法，这是最常用、最简便易行的汉字输入方法。要想输入中文，首先要选择一种汉字输入方法，如图 1-3 所示。

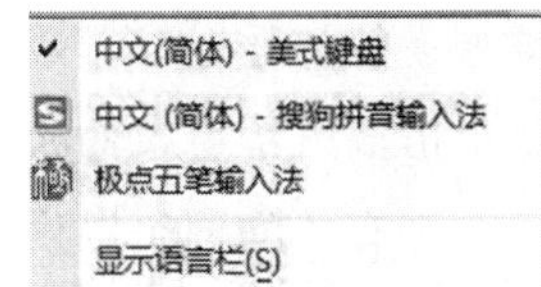

图 1-3　选择输入法

可以看到有很多输入法可以选择，而且也有更多、更新的输入法不断涌现，每种输入法都有各自的特点。比较常用的中文输入法有全拼、智能 ABC、微软拼音、五笔、和码输入法等。单击某种输入法，转换为该种中文输入法状态，屏幕出现这种输入法状态窗口，此时可以输入中文。

没有输入法菜单时，可以按[Ctrl]+[Space]键进行中英文输入的转换，也可以按[Ctrl]+[Shift]键在不同的输入法之间进行切换。

正如上面所述，使用任何一种输入法，都可以输入常规的汉字，但当需要输入一些特殊字符时，可以使用软键盘来进行。Windows 提供了 13 种软键盘。在所选择的输入法状态条上的按钮上单击鼠标右键，即可打开软键盘选择菜单，如图 1-4 所示，从菜单中可以选择需要使用的软键盘。

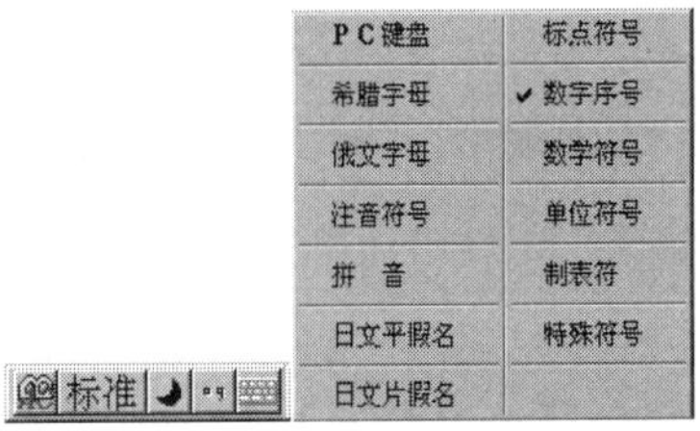

图 1-4　选择软键盘

(1)全拼输入法。

全拼输入法是一种简单易学的中文输入方法，只要会汉语拼音，就可以掌握这种输入方法，缺点是重码比较多，影响输入速度。

打开输入法菜单，单击全拼输入法，屏幕出现全拼输入法状态条，此时即可输入中文。输入汉语拼音以后，屏幕上出现的输入法窗口显示出 10 个同音字，例如要输入“兔”字，在输入“兔”字的汉语拼音“tu”(注意：是小写字母)以后，屏幕显示如图 1-5所示。

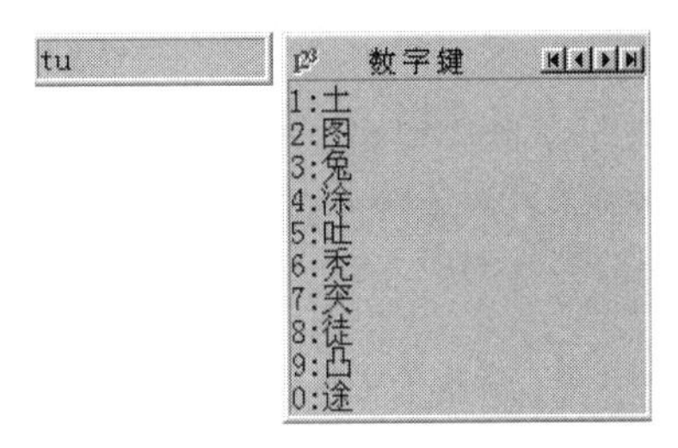

图 1-5　全拼输入示例

输入所选汉字前的数字，这个汉字就出现在屏幕上，例如输入 3，屏幕上出现“兔”字，输入 1 或者按空格键，输入的是“土”字。在输入法窗口中，十个汉字或词组称为一页，使用键盘上的加号键“＋”或单击输入法窗口的图标，往后翻一页，使用键盘上的减号“－”键或单击输入法窗口的图标，往前翻一页。在输入汉字以后，有时输入法窗口接着显示与这个字有关的词组以供挑选，如果没有需要的词组，直接输入下一个字的拼音即可。全拼输入法可以直接输入词组，例如要输入“信息”，可直接输入拼音“xinxi”。

单击输入法状态窗口左边的图标“”，可以进行汉字和英文字母的输入转换，单击标点符号图标，可以进行中、英文标点符号的输入转换。

(2)搜狗拼音输入法。

搜狗拼音输入法是搜狗(www.sogou.com)推出的一款基于搜索引擎技术的输入法产品。虽然从外表上看起来搜狗拼音输入法与其他输入法相似，但是其内在核心大不相同。传统的输入法的词库是静态的，而搜狗输入法的词库是网络的、动态的，打开搜狗拼音输入法如图 1-6 所示。

由于获得了最全的网络词库和最精确的网络词频，无论是最新的歌手、电视剧、电影名、游戏名，还是球星、软件名、动漫、歌曲、电视节目，搜狗拼音输入法都能够顺利打出。它的诞生，解决了大部分中国用户在利用拼音进行汉字输入最基本的问题，同时也极大提高了输入效率。

中

图 1-6 搜狗拼音输入法图标

与其他拼音输入法相比，搜狗拼音输入法有着很多独有的特点和创新，这里，列举一些我们最常使用到的功能：

①词库。建立最新最全的词库，保存了我们日常生活中的常用词汇，甚至是互联网上特有的、刚刚出现的新词。有了最新最全的词库，加上高效的搜索引擎，用户在大部分情况下甚至只需要输入词汇的首字母就可以找到需要的汉字了，如图 1-7 所示。

d'x'j's'j'j'c
1.大学计算机基础 2.大型计算机 3.大学教授 4.悼心疾首

图 1-7 搜狗拼音输入法的词库操作

②词频。提高对于同音词的词频统计和排序准确性。对于常用的汉字或词汇，搜狗拼音输入法会根据用户使用频率自动调整出现的顺序，提高了汉字录入的效率，这也正是许多用户选择搜狗拼音输入法的主要原因之一，如图 1-8 所示。

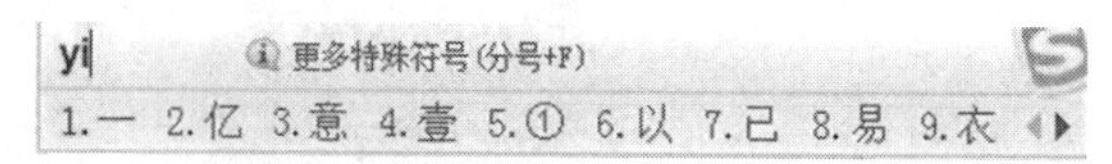

图 1-8 搜狗拼音输入法的词频操作

③生僻字。利用拼音输入法进行汉字录入的最大问题就是遇到生僻字(如“毳毳”“饕餮”等)，因为不知道怎么读而导致无法输入。搜狗拼音输入法利用“拆分输入”的技术，轻

松解决了这类问题。拆分输入技术就是通过分析一个文字的组成，将这个字拆分成几个我们认识的部分，再直接输入生僻字的各个组成部分的拼音即可，如图 1-9 所示。

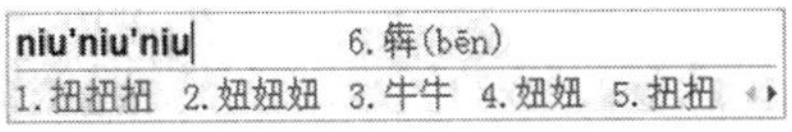

niu'niu'niu　6.犇(bēn)
1.扭扭扭 2.妞妞妞 3.牛牛 4.妞妞 5.扭扭

图 1-9　搜狗拼音输入法的生僻字操作

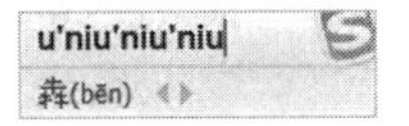

图 1-10　搜狗拼音输入法的生僻字加 U 操作

不过，我们在进行生僻字输入的时候，最好先加上字母“U”，如图 1-10 所示。

当然，我们也有可能会遇到无法拆分的生僻字(如“戊”“戌”等)，这时候就可以直接将该字按笔画进行拆分了，如表 1-1 所示。输入笔画对应字母的时候，记得也要先加上字母“U”，如图 1-11 所示。

表 1-1　搜狗拼音输入法笔画对应表

笔画	对应字母
横	H
竖	S
撇	P
点(捺)	D
折	Z

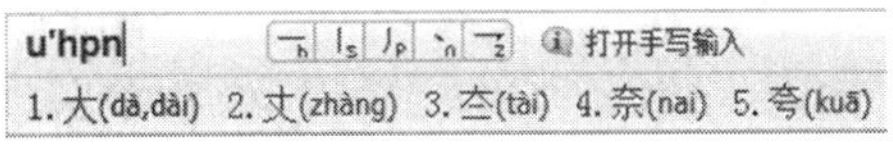

u'hpn　打开手写输入
1.大(dà,dài) 2.丈(zhàng) 3.夳(tài) 4.奈(nai) 5.夸(kuā)

图 1-11　搜狗拼音输入法的按笔画拆分操作

(3)五笔输入法。

可借助具体的 CAI 软件进行练习。

(4)和码输入法。

4.退出练习，关机

(1)点击窗口右上角关闭图标，退出正在运行的程序。

(2)鼠标选取“开始”→“关闭计算机”，选中对话框中的【关闭】，关闭机器。

(3)关闭显示器。

实验二 Windows 7 桌面、窗口和菜单的操作

一、实验目的

(1)对 Windows 7 操作系统有初步的认识,能够熟练使用鼠标。

(2)掌握对系统进行合理、个人化的设置方法,加深一些基本名词的理解。

(3)掌握对任务栏的操作,了解窗口各部位的名称,能够熟练改变窗口的大小和位置。

(4)继续加强键盘基本功的操作。

二、实验内容及步骤

(1)在桌面上添加/删除“计算机”“网络”等图标。

(2)单击“开始”→“控制面板”→“外观和个性化”→“显示”,打开“个性化”窗口,更换桌面背景、设置屏幕保护程序。

(3)先后打开“计算机”“记事本”和“写字板”3 个应用程序,并完成以下操作:

①用拖动窗口边界和单击最大化、最小化按钮的方法分别调整窗口大小。

②在任务栏中依次单击“计算机”“记事本”和“写字板”图标,观察屏幕上当前窗口的变化情况。

③单击任务栏右下角的“显示桌面”按钮,观察屏幕变化。

④将任务栏中的所有窗口一一还原,然后右键单击任务栏的空白处,在快捷菜单中分别选择“层叠窗口”“堆叠显示窗口”和“并排显示窗口”,观察窗口的排列方式。

⑤分别用 3 种不同的方法关闭这 3 个窗口。

(4)打开“计算机”,在工具栏中单击“查看”,练习使用工具栏。

(5)单击“开始”→“帮助和支持”,打开“Windows 帮助和支持”窗口,在“搜索”框内输入关键字“打印机”,然后单击搜索按钮,选择相应的帮助主题并查看帮助信息。

(6)查看计算机中安装的输入法并在各种输入法之间进行切换。

(7)在 E 盘根目录下新建一个文件夹,并以自己的学号和姓名为文件夹命名。在此文件夹中,建立 2～3 个子文件夹,自行为其命名。

(8)单击“开始”→“控制面板”→“硬件和声音”→“设备和打印机”,选择其中的“USB Optical Mouse”鼠标选项,打开“USB Optical Mouse 属性”对话框,练习鼠标属性的设置,如按钮设置、双击速度、鼠标指针和移动速度等。

(9)单击“开始”→“控制面板”→“时钟、语言和区域”,选择其中的“区域和语言”,打开

“区域和语言”对话框，在其中找到并打开设置输入法的对话框。

①设置“微软拼音—简捷 2010”为默认的输入法。

②启动“记事本”程序，观察“微软拼音输入法”是否自动打开。

③重新打开设置输入法的窗口，将默认的输入法还原为“中文(简体) - 美式键盘”，然后设置“微软拼音—简捷 2010”的快捷键为左手[Alt]+[Shift]+[1]。

④运行“写字板”程序，微软拼音是否自动打开？如果未自动打开，试试左手[Alt]+[Shift]+[1]这组快捷键是否起作用。

(10)将系统日期修改为 2013 年 2 月 22 日，然后在 D:盘所创建的文件夹中新建一个文本文件，查看文件的创建日期。再将系统日期改回到正确的日期，再新建一个文本文件并查看其创建日期。

(11)单击“开始”→“所有程序”→“附件”→“系统工具”→“系统还原”，练习创建还原点及系统还原。

实验三 文件和文件夹的操作

一、实验目的

(1)掌握资源管理器的启动方法,认识资源管理器窗口的组成。

(2)掌握文件夹与文件的创建、命名、查找、复制、移动、删除以及属性的修改操作。

二、实验内容及步骤

(1)打开“资源管理器”,浏览系统文件和文件夹。

(2)将“资源管理器”中的图标以“详细信息”方式显示,并按“类型”规则排列。

(3)在“资源管理器”中选择“工具”→“文件夹选项…”,此时弹出“文件夹选项”对话框,练习设置文件夹和文件的查看和搜索方式。

(4)在D盘根目录下建立新文件夹,结构如图3-1所示。

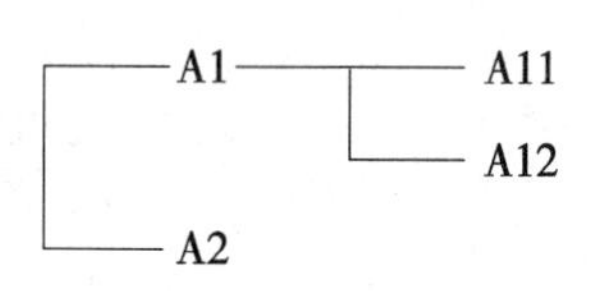

图3-1 文件夹结构

(5)将C盘Windows文件夹下的Notepad.exe文件复制到A11文件夹下。

(6)在E盘所建文件夹A1中,使用“记事本”建立一个文本文件“myfile.txt”。

(7)将该文件复制到文件夹A2中,并将复制后的文件改名为JSHB。

(8)将文件“myfile.txt”文件属性设置为“只读”。

(9)按[Delete]键将JSHB文件删除到“回收站”。

(10)从“回收站”中将上述所删除的文件还原。

(11)查找C盘中的计算器文件CALC.EXE。

(12)将CALC.EXE文件复制到A2文件夹下。

(13)在桌面上创建名为“计算器”的快捷方式。

(14)将“计算器”的快捷方式移到A2文件夹下。

(15)以自己的名字为卷标快速格式化U盘。

(16)将D盘下的A1和A2两个文件夹复制到E盘根目录下。

(17)删除D盘根目录下的A1和A2文件夹(放入“回收站”)。

(18)利用“回收站”先将A2文件夹还原,然后将“回收站”清空。

(19)彻底删除D盘中的A2文件夹(不放入“回收站”)。

(20)选择“开始”→“控制面板”→“用户账户和家庭安全”→“添加或删除用户”,以自己的姓名新建一个标准用户账户。

文件与文件夹的操作(1)

文件与文件夹的操作(2)

实验四　Microsoft Word 2010 基本操作及排版操作

一、实验目的

(1)掌握建立文档和录入文本的基本方法;掌握文档的建立、保存、打开和关闭方法。

(2)掌握文字的查找、替换等基本编辑方法。

(3)了解字符格式、段落格式、页面格式各自包含的设置内容。

(4)熟练掌握字符格式中字体、字号、修饰的设置方法。

(5)掌握段落格式中对齐、缩进等的设置方法。

(6)了解页面格式的设置方法。

二、实验内容及步骤

(1)建立 Microsoft Word 2010 文档,在编辑窗口输入如图 4-1 所示内容。

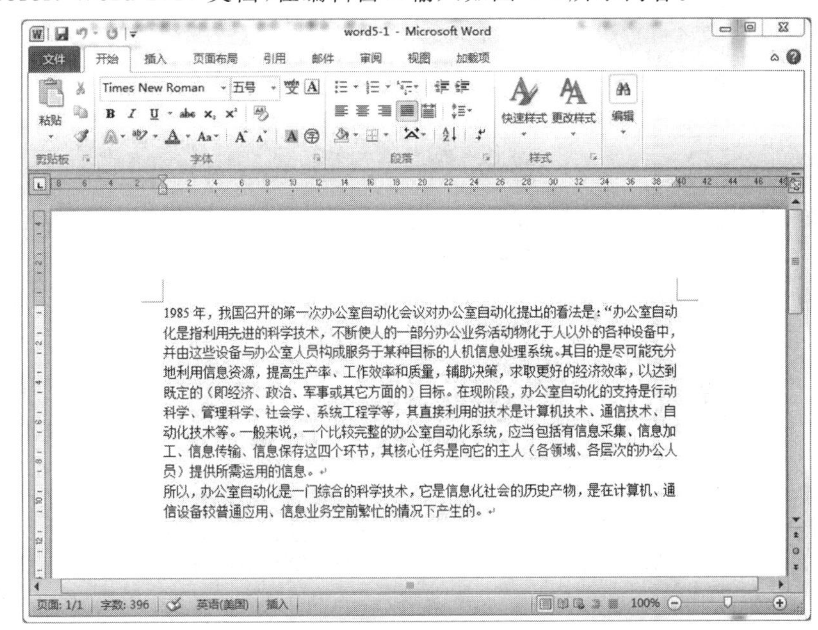

Word基本操作及排版操作

图 4-1　编辑文本内容

(2)增加标题"办公室自动化规划纪要",要求:标题居中,加下划线;设置字体:黑体,字形:粗斜体,大小:一号,颜色:蓝色,字符间距加宽 5 磅;底纹:40%,加边框,框线为蓝色 1.5 磅双线,将标题的段前段后设置为 12 磅和 24 磅。

(3)将第一段进行以下排版:首字"1"下沉 3 行,设置首字字体:"仿宋",字型:"斜体",段前、段后间距均设置为 12 磅,行间距为 1.3 倍行距、字间距为加宽 1.4 磅。

(4)将第一段中所有“办公室自动化”改为“OA”,字号:四号,字体颜色:红色。

(5)在第一段中,从“一般来说,……”处另起一段。

(6)将新第一段分成两栏(栏宽相等),并插入一幅图片,大小调整为3×3厘米,大致在分栏文档的中间位置,艺术效果设为铅笔灰度,衬于文字下方(具体上机时可采用任意一张图片代替)。

(7)将除第一段外的所有段采用首行缩进的特殊格式,缩进大约两个汉字。

(8)将新的第二段左右都缩进2厘米,并给该段添加黄色底纹。

(9)将正文最后一段与倒数第二段文字互换。

(10)删除第一段中的文字“(即经济、政治、军事或其他方面的)”。

(11)将最后两段的行距改为固定值18磅。

(12)将正文最后一个字加框加底纹。

(13)将编辑后的文档另存为:ed1edit,文件类型为:docx格式。编辑后效果如图4-2所示。

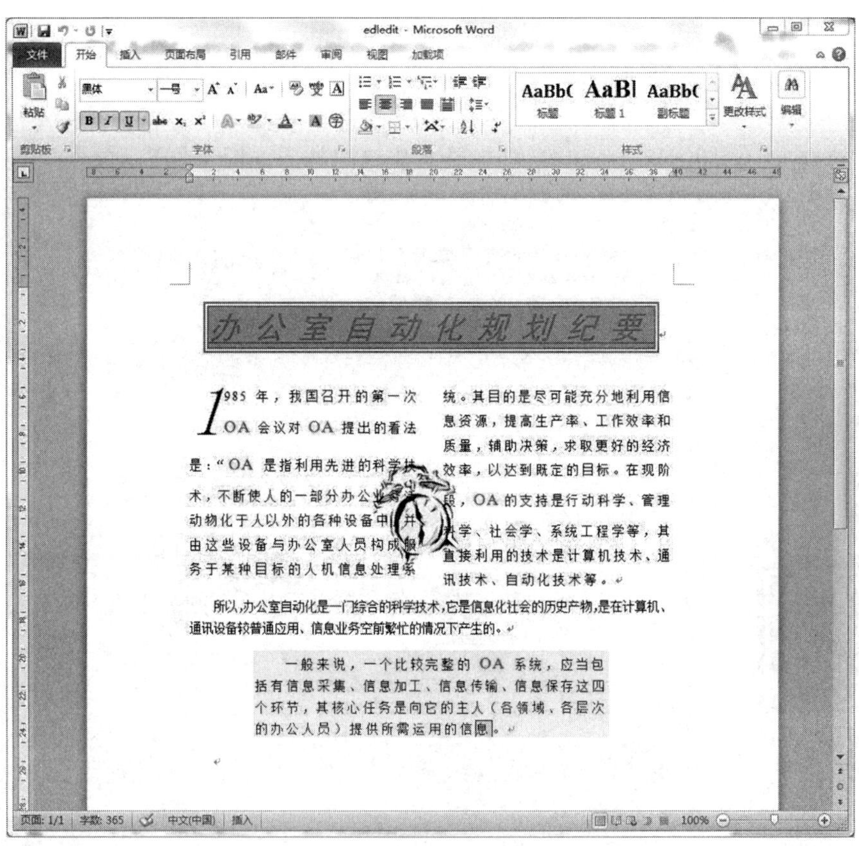

图4-2 编辑后的效果文档

实验五 Microsoft Word 2010 表格和图片的设置方法

一、实验目的

(1)掌握 Microsoft Word 2010 表格的建立和编辑方法。

(2)掌握表格数据的统计运算方法。

(3)掌握表格单元格的合并与拆分方法。

(4)掌握插入图片及设置图形的格式。

二、实验内容及步骤

1. 图片设置

(1)建立 Microsoft Word 文档,在编辑窗口输入如图 5-1 所示内容。

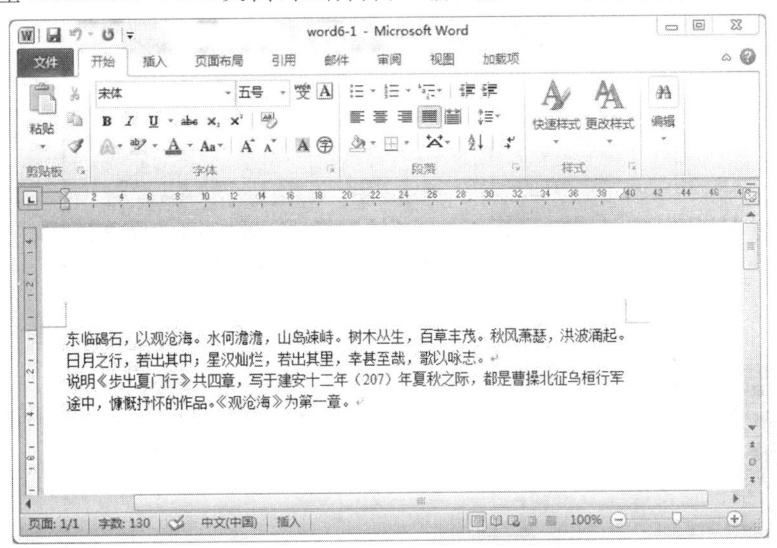

图 5-1 编辑文本内容

(2)将纸张设置为 B5,上、下、左、右页边距都设置为 2 cm,装订线 1 cm,页眉、页脚都设置为 1.5 cm,文档网格:35 字/行,37 行/页。

(3)文章加标题“观沧海”,并设置为艺术字,艺术字式样:第四行第 2 列,字体:楷体,字号:60,字形:加粗,颜色:橙色;阴影:右上对角透视;转换:左近右远;文本轮廓;红色;居中。

(4)将《观沧海》一诗设置为:隶书、二号。

(5)将诗的前面增加作者的姓名和时代,并将时代和姓名之间加入一圆点,并设置为黑体三号字，右对齐。

（6）将“说明部分”设置为幼圆四号字，并给“说明”两字加上书名号，首行缩进 2 个汉字。

（7）给“碣石”和“沧海”加尾注（碣石：山名，在河北乐亭县西南，后世已陷入海中。沧海：大海）。给“星汉”加脚注：星汉：即银河。尾注和脚注都设置为宋体四号字。

（8）在“说明”文字的右边以文绕图的方式插入一幅 5 厘米×5 厘米的图片，图片文件名为：Sea.jpg（具体上机时可采用任意一张图片代替）。

（9）设置页眉和页脚，页眉文字为“步出夏门行”楷体小三号字，居中，下划线设置为波浪线，页脚是“第 1 页 共 1 页”，宋体小五号字，居中。

（10）设置整个页面的边框为阴影 2.25 磅。

（11）将编辑后的文档另存为：RE6EDIT.DOCX，并设置打开密码为 001。编辑后效果如图 5-2 所示。

Word表格和图片的设置方法（1）

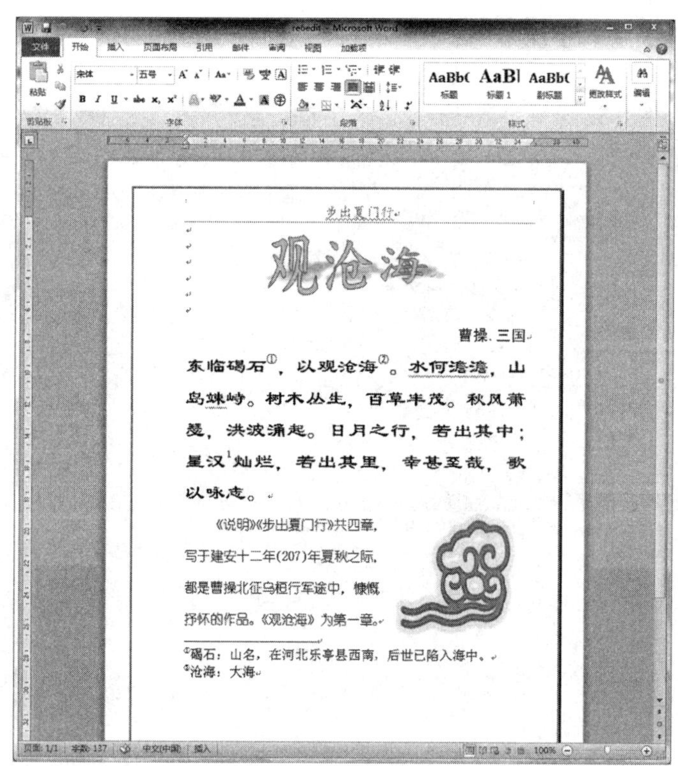

图 5-2 编辑后的文档效果

2. 表格设置

（1）在 Word 中绘制如图 5-3 所示的表格，要求表格中所有文字的格式设置为华文新魏、小四号字，在单元格中部居中。

（2）将表格外框线设置为 1.5 磅双实线，内框线改为 1.5 磅单实线。

（3）将第一列右边线设置为 1.5 磅双实线，红色。

（4）将第一行、第二行行宽设为 1 厘米。

（5）将文字内容为“贴照片处”的单元格设置30%底纹，在如样表所在处插入任一张图片，并设置艺术效果为发光散射。

（6）将编辑后的文档另存为：ed7EDIT.DOCX。编辑后效果如图5-3所示。

Word表格和图片的设置方法（2）

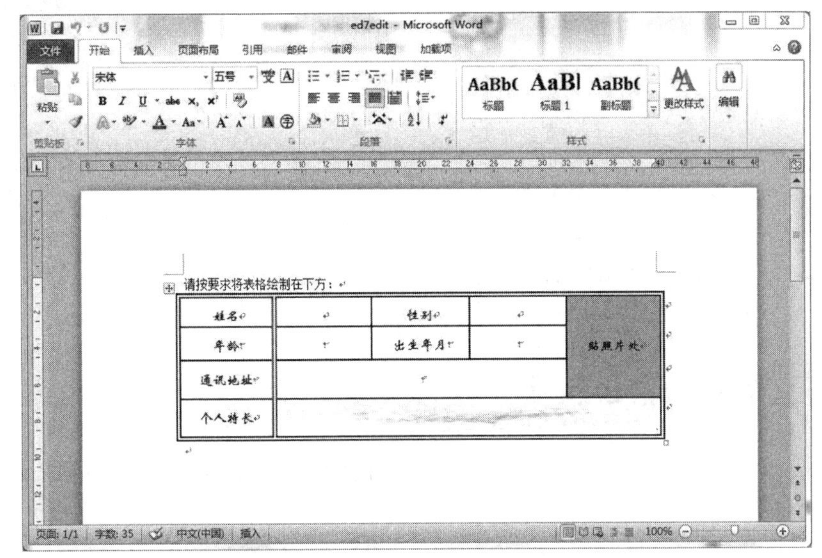

图5-3　编辑后的效果文档

实验六 Microsoft Excel 2010 电子表格的基本操作

一、实验目的

(1)掌握建立工作表的一般方法。

(2)熟练掌握 Microsoft Excel 2010 公式的使用方法。

(3)掌握单元格的引用方法。

(4)掌握利用 Microsoft Excel 2010 函数进行数据统计的方法。

二、实验内容及步骤

(1) 建立 Microsoft Excel 2010 工作簿,在编辑窗口输入如图 6-1 所示内容,并将工作簿以 tv. xlsx 文件名保存在 D 盘中。

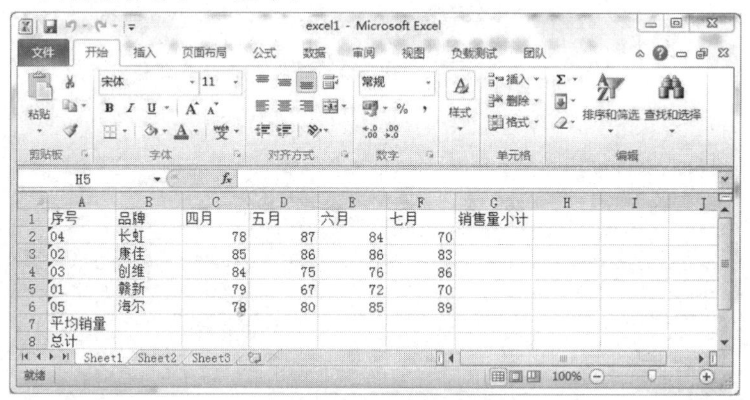

序号	品牌	四月	五月	六月	七月	销售量小计
04	长虹	78	87	84	70	
02	康佳	85	86	86	83	
03	创维	84	75	76	86	
01	赣新	79	67	72	70	
05	海尔	78	80	85	89	
平均销量						
总计						

图 6-1 编辑内容

(2)将工作表 Sheet1 中的数据复制到工作表 Sheet2 中相同位置,将工作表 Sheet1 删除及将 Sheet2 工作表改名为“销售情况表”;在“销售情况表”前插入一张新工作表,再将其移动到所有工作表的最后;复制“销售情况表”,并将新工作表更名为“销售统计表”;应用“套用单元格式”中的“表样式浅色 9”对“销售情况表”进行快速格式化。

(3)在“销售统计表”中做如下编辑,如图 6-2 所示:

①将表格中各行行高设置为 30,各列列宽设置为 12;各列标题设置成蓝色、粗体、字体大小为 12、垂直和水平都居中对齐、黄色底纹。

②表格中的其他内容对齐方式为水平靠右、垂直居中,字体大小为 12、加粗。

③设置表格边框线。外框为最粗的蓝色单线,内框为最细的单线;设置表格各列标题的下框线为红色的双线。

④在工作表的第一行前插入一行,并设置行高为 40,输入标题“第二季度电视机销售统计表”,设置成蓝色、粗楷体、16 磅、加双下划线并采用合并及居中、垂直居中的对齐方式;将第 3 行和第 6 行交换位置及将 F 列删除。

Excel电子表格的基本操作（1）

Excel电子表格的基本操作（2）

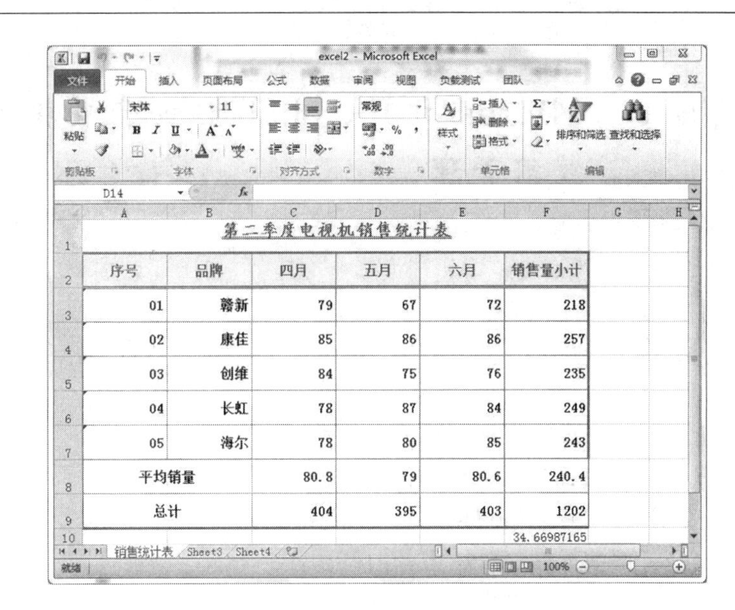

第二季度电视机销售统计表

序号	品牌	四月	五月	六月	销售量小计
01	赣新	79	67	72	218
02	康佳	85	86	86	257
03	创维	84	75	76	235
04	长虹	78	87	84	249
05	海尔	78	80	85	243
平均销量		80.8	79	80.6	240.4
总计		404	395	403	1202
					34.66987165

图 6-2　销售统计表编辑后效果

⑤在表中的“平均销量”“总计”和“销售量小计”栏中分别计算每月份的平均销量，每月的总销量，及各品牌彩电的季度销量小计。其中“平均销量”一栏保留一位小数位数。

⑥在表中的 F10 单元格中计算该季度的所有销量总数的平方根，并将该 F10 单元格命名为“总销量的平方根”。

⑦页面设置和打印预览。将纸张大小设置为 A4，横向打印；上下页边距为 3，左右页边距为 2，页眉和页脚设为 1.5；居中方式为水平居中；页眉居右插入您的姓名，页脚居中插入页码及居右插入日期；根据需要进行手动调整页边距。

（4）在工作表 Sheet3 中，单元格 A2～A10 中分别输入 1～9 个数字，单元格 B1～J1 中也分别输入 1～9 个数字，然后通过公式或函数复制的方法，得到如图 6-3 所示的工作表。

B2　=B$1*$A2

	A	B	C	D	E	F	G	H	I	J
1		1	2	3	4	5	6	7	8	9
2	1	1	2	3	4	5	6	7	8	9
3	2	2	4	6	8	10	12	14	16	18
4	3	3	6	9	12	15	18	21	24	27
5	4	4	8	12	16	20	24	28	32	36
6	5	5	10	15	20	25	30	35	40	45
7	6	6	12	18	24	30	36	42	48	54
8	7	7	14	21	28	35	42	49	56	63
9	8	8	16	24	32	40	48	56	64	72
10	9	9	18	27	36	45	54	63	72	81

图 6-3　Sheet3 工作表编辑效果

实验七　Microsoft Excel 2010 电子表格的数据图表化及数据管理

一、实验目的

(1)了解图表的作用及图表中的术语。

(2)掌握图表的创建和编辑。

(3)掌握图表的格式化。

(4)了解数据库、字段、记录的概念。

(5)掌握数据的排序、筛选、分类汇总的方法。

二、实验内容及步骤

(1)建立 Microsoft Excel 2010 工作簿,在编辑窗口输入如图 7-1 所示内容,并将工作簿以 student. xlsx 文件名保存在 D 盘中。

	A	B	C	D	E	F	G
1	姓名	高等数学	大学英语	计算机基础			
2	王伟	78	81	96			
3	李亚洁	89	86	79			
4	何海霞	79	88	89			
5	张军	62	68	74			
6	黄海飞	65	67	72			
7							
8							
9							
10							

图 7-1　编辑内容

(2)为上面的数据创建一个嵌入的簇状柱形图图表,图表标题为“学生成绩表”,编辑后效果如图 7-2 所示。

Excel电子表格的数据图表化及数据管理

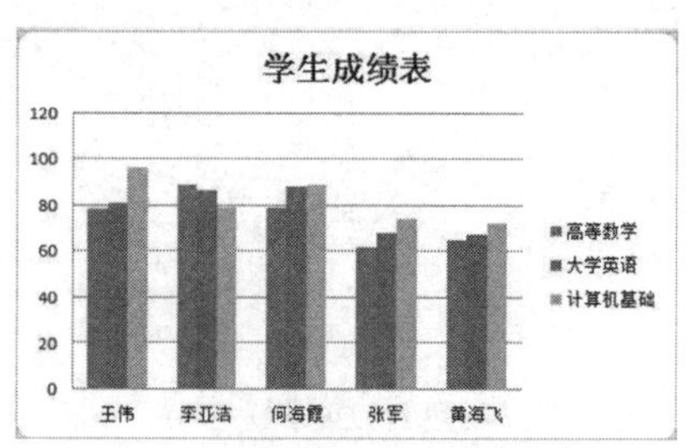

图 7-2　图表生成图

(3)将原数据系列产生在“行”改为产生在“列”上;交换高等数学数据系列和计算机基

础数据系列的次序，使计算机基础系列在最前面，而高等数学系列在最后；修改数值的最大值为100，主要刻度单位为10。

(4)创建一个嵌入的饼图，“填充效果”设为“麦浪滚滚”，并选择“中心辐射”来填充图表；设置图表区的字体格式为宋体、加粗、12磅、蓝色；标题改为“高等数学成绩对比图”并加上数据标志，编辑后效果如图7-3所示。

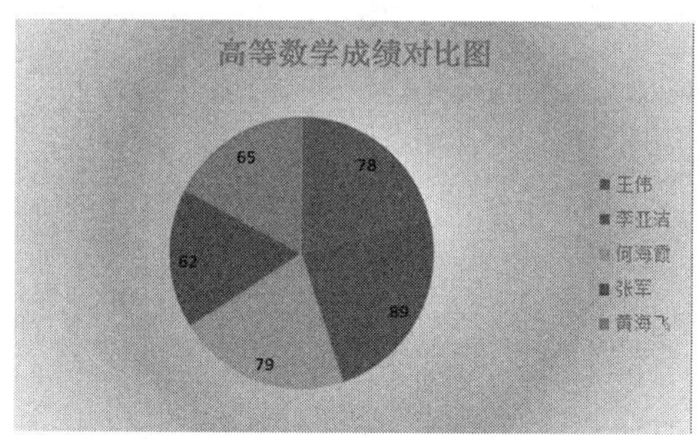

图7-3　图表生成图

(5)将工作表Sheet1中的数据复制到工作表Sheet2中的相应区域中，进行数据修改。在“姓名”右边插入“性别”一列，在表格右边添加二列名称分别为“平均分”及“总分”。把各列标题格式设为字体大小为12、加粗、居中对齐；其他内容字体大小为12、居中对齐；把各列列宽设为11，行高设为15。

(6)在“Sheet2”中做如下编辑。

①在记录单中从前至后为5条记录分别添加性别数据“男、女、女、男、男”；添加4条记录，数据分别是“肖萍萍、女、69、74、87”“胡凯、男、80、65、78”“舒谕、女、71、82、81”和“刘泰、男、76、65、85”。

②在记录单中将舒谕的“高等数学”成绩和“大学英语”成绩改为“69”和“73”；在记录单中将刘泰记录删除。

③检索“大学英语＞＝85”的记录。

④计算出“平均分”和“总分”栏的数据结果，其中“平均分”栏保留2位小数。

⑤在表格右边添加一列名称为“总评”，并进行总评计算：总分＞＝230为合格，否则为不合格。编辑后效果如图7-4所示。

H2　=IF(G2>=230,"合格","不合格")

	A	B	C	D	E	F	G	H
1	姓名	性别	高等数学	大学英语	计算机基础	平均分	总分	总评
2	王伟	男	78	81	96	85.00	255	合格
3	李亚洁	女	89	86	79	84.67	254	合格
4	何海霞	女	79	88	89	85.33	256	合格
5	张军	男	62	68	74	68.00	204	不合格
6	黄海飞	男	65	67	72	68.00	204	不合格
7	肖萍萍	女	69	74	87	76.67	230	合格
8	胡凯	男	80	65	78	74.33	223	不合格
9	舒谕	女	69	73	81	74.33	223	不合格
10								

Sheet1　Sheet2　Sheet3　Sheet4

图7-4　Sheet2工作表编辑后效果

⑥将工作表Sheet2中的数据复制到工作表Sheet3中的相应区域中。

⑦将表中Sheet3数据按性别升序排列，性别相同的按总分降序(递减)排列，总分相

同的按计算机基础成绩降序排列。

⑧将表中的数据筛选出总分小于 230 或大于等于 255 的女生记录，并将筛选结果放在以 A15 开始的单元格中，如图 7-5 所示。

⑨使用高级筛选在表中筛选出高等数学大于 75，计算机基础大于 85 的记录，筛选结果放在以 A20 开始的单元格中。

E22

	A	B	C	D	E	F	G	H	I	J
1	姓名	性别	高等数	大学英	计算机基	平均分	总分	总评		
2	王伟	男	78	81	96	85.00	255	合格		
3	胡凯	男	80	65	78	74.33	223	不合格		
4	张军	男	62	68	74	68.00	204	不合格		
5	黄海飞	男	65	67	72	68.00	204	不合格		
6	何海霞	女	79	88	89	85.33	256	合格		
7	李亚洁	女	89	86	79	84.67	254	合格		
8	肖萍萍	女	69	74	87	76.67	230	合格		
9	舒谕	女	69	73	81	74.33	223	不合格		
10										
11			高等数学	计算机基础						
12			>75	>85						
13										
14										
15	何海霞	女	79	88	89	85.33	256	合格		
16	舒谕	女	69	73	81	74.33	223	不合格		
17										

Sheet1　Sheet2　Sheet3　Sheet4

图 7-5　Sheet2 高级筛选后效果

(7)将 Sheet2 中数据复制到 Sheet4 中相应区域，并在工作表 Sheet4 中进行分类汇总男女生的英语成绩及人数，如图 7-6 所示。

I14

	A	B	C	D	E	F	G	H	I
1	姓名	性别	高等数学	大学英语	计算机基础	平均分	总分	总评	
2	王伟	男	78	81	96	85.00	255	合格	
3	张军	男	62	68	74	68.00	204	不合格	
4	黄海飞	男	65	67	72	68.00	204	不合格	
5	胡凯	男	80	65	78	74.33	223	不合格	
6		男 平均值		70.25					
7	4	男 计数							
8	李亚洁	女	89	86	79	84.67	254	合格	
9	何海霞	女	79	88	89	85.33	256	合格	
10	肖萍萍	女	69	74	87	76.67	230	合格	
11	舒谕	女	69	73	81	74.33	223	不合格	
12		女 平均值		80.25					
13	4	女 计数							
14		总计平均值		75.25					
15	8	总计数							
16									
17									

Sheet1　Sheet2　Sheet3　Sheet4

图 7-6　Sheet4 工作表编辑后效果

实验八 Microsoft PowerPoint 2010 的基本操作

一、实验目的

(1) 掌握 Microsoft PowerPoint 2010 的启动与退出。
(2) 掌握 Microsoft PowerPoint 2010 中创建文稿的方法。
(3) 掌握演示文稿建立的基本过程。
(4) 了解演示文稿格式设置的方法。
(5) 掌握演示文稿中的超级链接、动作设置的方法。
(6) 掌握幻灯片的切换及演示文稿放映的设置方法。

二、实验内容及步骤

(1)启动 Microsoft PowerPoint 2010，创建 5 张幻灯片，如图 8-1 所示。

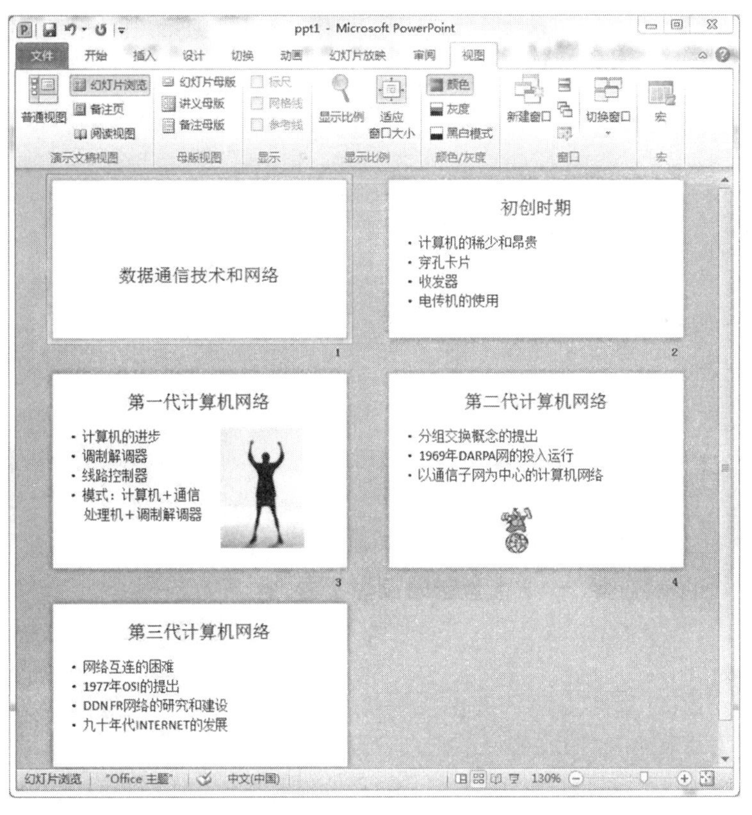

图 8-1 新建 5 张幻灯片

(2)将演示文稿的主题设置为“暗香扑面”。

(3)将第一张幻灯片的版式设置为“标题幻灯片”,在标题区输入“数据通信技术和网络”,字体为“隶书”,字号默认。

(4)将第二张幻灯片的版式设置为“标题和竖排文字”,背景设置为“新闻纸”纹理效果。

(5)将第三张幻灯片的版式设置为“标题和内容”。为其中的剪贴画建立超链接,链接到“上一张幻灯片”。

(6)将第三张幻灯片的切换效果设置为“随机垂直线条”。

(7)将第四张幻灯片的“1969”建立超链接,链接到 http://jju.edu.cn。

(8)将第四张幻灯片中的剪贴画进入动画设置为“自顶部”“飞入”。

(9)第四张幻灯片标题文字设置为居中对齐,80 号,将标题文本框的背景设置为图案填充效果“草皮”。

(10)第五张幻灯片切换方式设置为“水平百叶窗”、持续时间为“1.5 秒”,换页方式为“每隔 2 秒”自动切换。

(11)为第五张幻灯片的标题“进入动画”方式设置为“缩放”,消失点为“对象中心”,声音效果为“风铃”。

(12)将演示文稿的日期和时间设置为自动更新,并全部应用。

(13)设置页脚,使除标题版式幻灯片外,所有幻灯片(即第二～五张)的页脚文字为“计算机网络发展”(不包括引号)。

PowerPoint
基本操作

实验九　Internet 基础实验

一、实验目的

(1) 掌握 IE 浏览器的基本设置和基本使用方法。
(2) 掌握网上信息资源的搜索和下载。
(3) 掌握电子邮件的使用。

二、实验内容及步骤

1. IE 浏览器的基本使用和基本设置

(1)双击桌面上 IE 浏览器的快捷方式图标,查看 IE 浏览器界面上的菜单栏、标准按钮栏、地址栏等。

(2) 通过域名或 IP 地址访问网站。

操作提示:

① 在地址栏内输入域名 www.baidu.com 进入百度搜索页面;
② 在地址栏内输入 IP 地址 119.75.217.109,进入百度搜索页面。

(3) 收藏夹的使用:把 www.jju.edu.cn 保存到收藏夹中。

操作提示:

① 打开要收藏的网站 www.jju.edu.cn;
② 打开"收藏"菜单,选择"添加到收藏夹"命令,如图 9-1 所示;

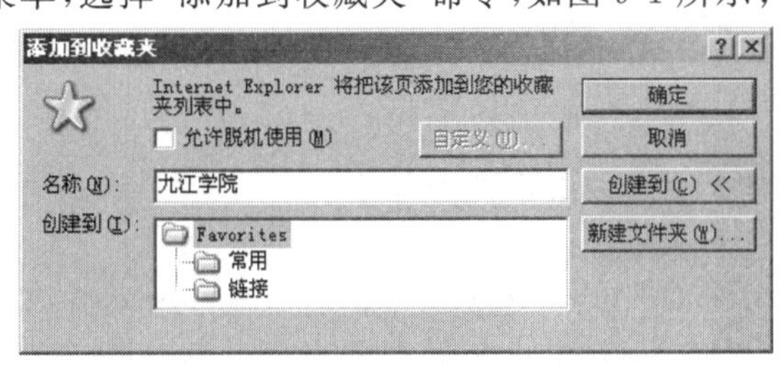

图 9-1　添加收藏

③ 在"名称"框中为当前网址起一个收藏名称,例如"九江学院";
④ 在"创建到"列表框中选择 Favorite,单击右边的"新建文件夹",如图 9-2 所示;

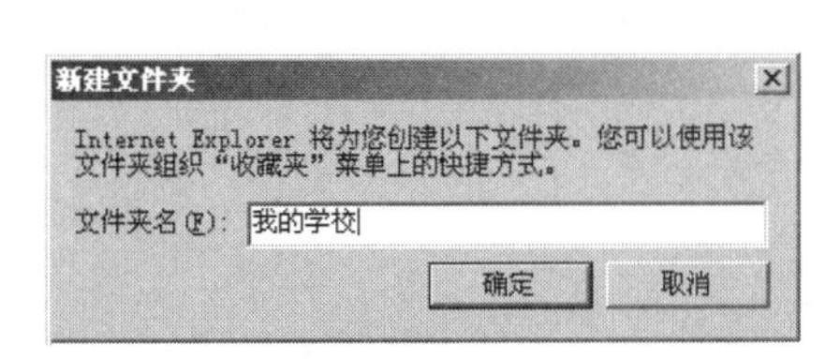

图 9-2　新建文件夹

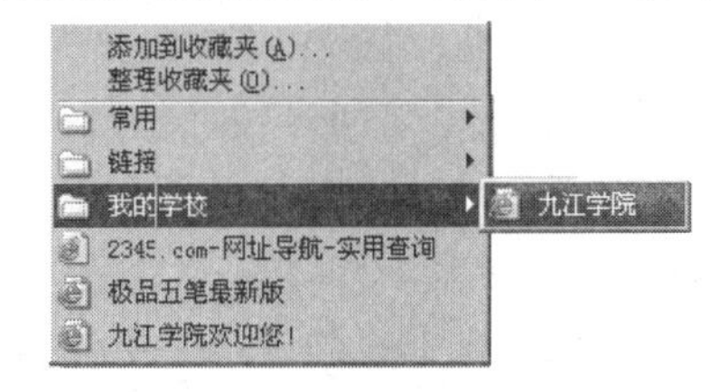

图 9-3　用菜单打开收藏的网站

⑤ 在此对话框中输入新建的文件夹名称“我的学校”,单击【确定】按钮。

(4)使用收藏夹中收藏的地址。

操作提示:

① 打开“收藏”菜单,在下面找到“我的学校”并打开它的子菜单,找到“九江学院”并单击它,如图 9-3 所示;

② 单击 IE 浏览器标准按钮中的“收藏夹”命令,在左边打开的列表中选择“我的学校”,在打开的子菜单中选择“九江学院”,如图 9-4 所示。

图 9-4 用命令按钮打开收藏的网站

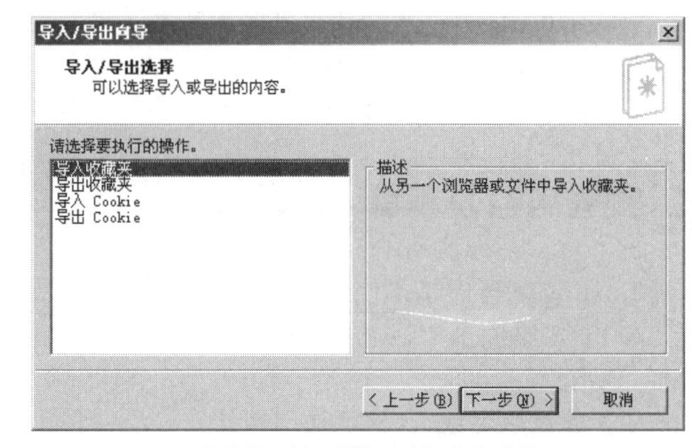

图 9-5 打开“导入/导出向导”

(5)备份和共享收藏夹。

操作提示:

打开“文件”菜单,找到“导入和导出…”命令,即可启动导入和导出向导,如图 9-5 所示,完成更新(导入)和备份(导出)收藏夹。

(6)查看历史记录。

操作提示:

单击 IE 浏览器中的标准按钮“历史”命令,在打开的列表中可以查看在某天的网站浏览的历史记录。

(7)IE 浏览器的基本设置。

操作提示:

① 打开“工具”菜单下的“Internet 选项”命令,选择常规标签,如图 9-6 所示;

② 在“主页”栏的“地址”文本框中填入自己喜欢的网站为 IE 起始主页,例如 www.163.com;

③ 在“Internet 临时文件”栏中,选择“设置”命令中的“查看文件”来查看 Internet 临时文件,选择“删除文件”来删除 Internet 临时文件;

④ 在“历史记录”栏中设置网页保存在历史记录中的天数为 10 天,选择“清楚历史记录”命令可以删除已访问过的网站链接。

2. 掌握网上信息资料的搜索和下载

(1)信息的搜索。

掌握常用搜索引擎的使用。常用搜索引擎:Google 搜索(www.google.com)、百度搜索(www.baidu.com)、新浪搜索(search.sina.com.cn)、网易搜索(search.163.com)、

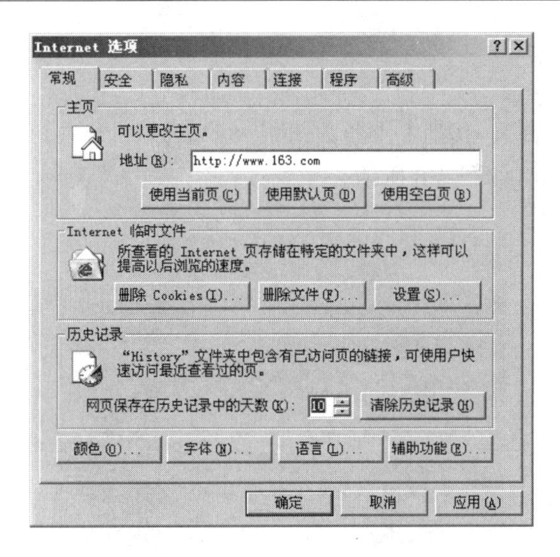

图 9-6　打开“常规”选项卡

21CN(search.21cn.com)、中国知网(www.cnki.net)等。

(2)简单搜索。

查找清华大学网站。

操作提示:

在 IE 地址栏中输入 www.google.com 进入 Google 搜索，在文本框中输入关键词“清华大学”，然后点击“搜索”或回车键，在查询结果中找到清华大学的网站。

(3)网上信息资源的下载。

将清华大学首页下载到“我的文档”中。

操作提示:

进入清华大学网站，打开“文件”菜单下的“另存为”命令，选择保存位置“我的文档”，在“文件名”一栏填入“清华大学首页”，单击【保存】，如图 9-7 所示。

图 9-7　保存网页

(4)将清华大学的徽标下载到“我的文档”的“图片收藏”文件夹中。

操作提示：

① 进入清华大学首页，找到左上角的清华大学徽标，鼠标右键点击它，在右键菜单中选择“图片另存为”命令，如图 9-8 所示；

图 9-8　保存图片

② 在弹出的对话框中选择保存位置“我的文档”的“图片收藏”文件夹，“文件名”一栏中输入“清华大学徽标”，单击【保存】。

(5)下载一首自己喜欢的歌曲。

操作提示：

① 打开百度搜索引擎，选中 MP3 并在文本框中输入“我的中国心”，如图 9-9 所示；

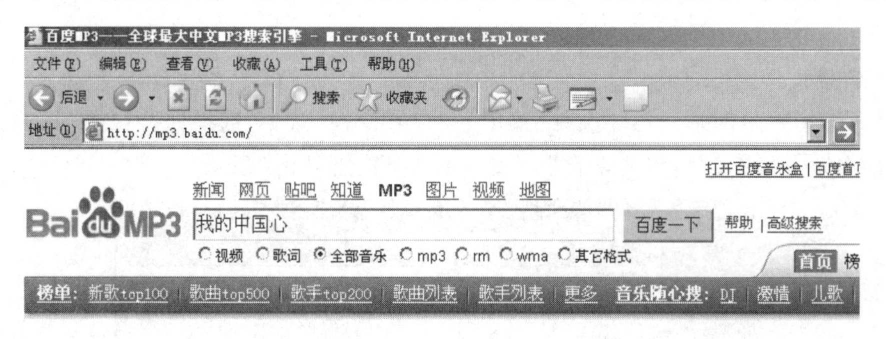

图 9-9　下载歌曲

② 单击“百度一下”，在查询结果中单击一个链接，在弹出窗口中单击右键选中歌曲链接，在右键菜单中选择“目标另存为”命令，如图 9-10 所示。

(6)搜索工具软件 WinRAR，并下载到 D:\下。

(7)搜索今年的全国计算机等级考试一级考试大纲，并下载到 D:\下。

3. 电子邮箱的使用

(1) 申请一个免费的电子邮箱。

操作提示：

① 进入一个提供免费邮箱服务的网站，例如 www.163.com，www.sohu.com，

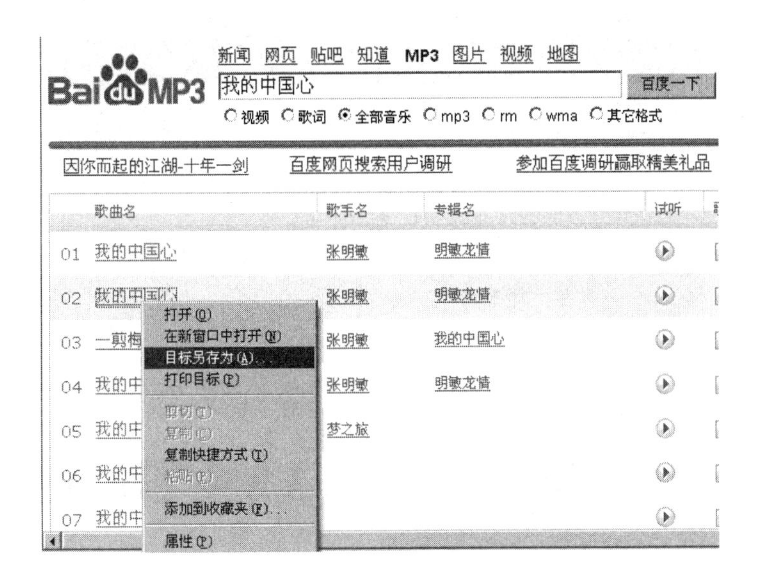

图 9-10　保存歌曲

www.tom.com，www.21cn.com，www.yahoo.com，www.hotmail.com；

② 找到免费邮箱申请页面进入申请过程，例如输入"http://mail.163.com"，进入网易免费邮箱申请页面，如图 9-11 所示；

图 9-11　进入网易免费邮箱

③ 在右边的登录框中选择【注册】按钮，进入注册用户页面，如图 9-12 所示；

④ 在其中正确输入相应信息后，选择【创建账号】按钮，即可出现注册成功页面，可以由此进入申请的免费邮箱，如图 9-13 所示。

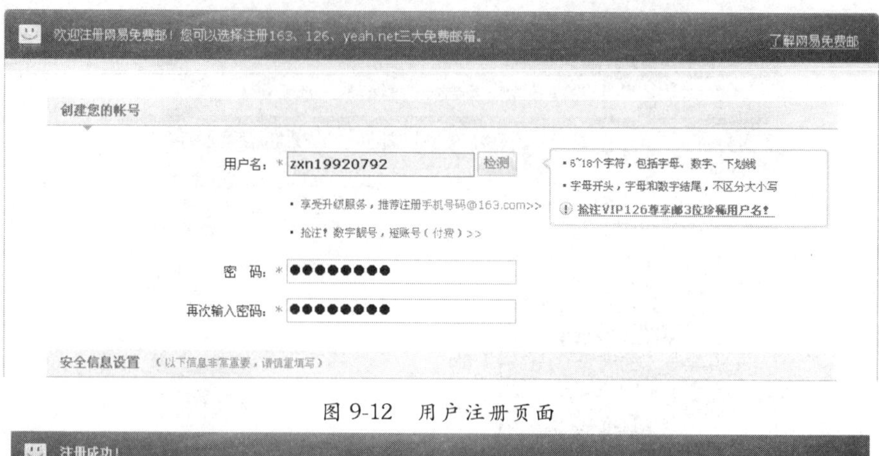

图 9-12　用户注册页面

注册成功！

您的网易邮箱 zxn19920792@163.com 注册成功！
以下是您邮箱的密码保护信息：
密码保护问题：您的大学校名是?
密码保护答案：九江学院
生日：1992-8-8
手机号码：未设置
这些重要信息只显示一次，建议您用纸笔记录下或 打印 此页面。
下次你可通过以下两种方式登录邮箱：
1. 从 http://email.163.com/#163 登录。
2. 使用桌面邮箱工具 闪电邮 ，一键登录邮箱。
3. 使用360浏览器插件“邮件通”，获得即时邮件提醒！

给您的邮箱增加最容易记的账号：手机号@163.com
激活后，用手机号也能登录和收发邮件，还可升级到163M网盘。
手机号
获取短信验证码
验证码
激活并进入邮箱
不激活，直接进入邮箱

图 9-13　注册成功页面

(2)收发邮件。

收邮件：进入邮箱，打开“收件箱”，点击相关的信件主题查看收到的邮件，如图 9-14 所示。

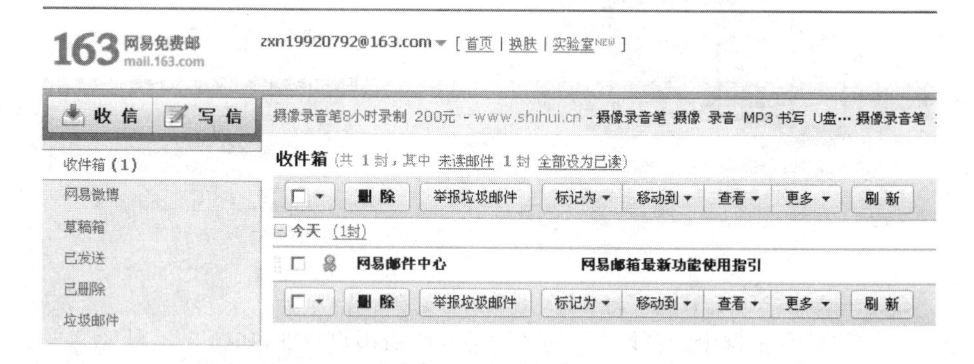

图 9-14　收邮件

发邮件：进入邮箱，点击“写信”给同学或亲友发送信件，同时可以把一些信息资料以附件方式发送给对方，例如在网上查找某年全国计算机等级考试一级笔试试题，并以附件形式发送给老师。

操作提示：

① 在网上找到某年全国计算机等级考试一级笔试试题，下载保存到 D:\中备用。进入自己的邮箱，在左边窗口中选择写信，如图 9-15 所示；

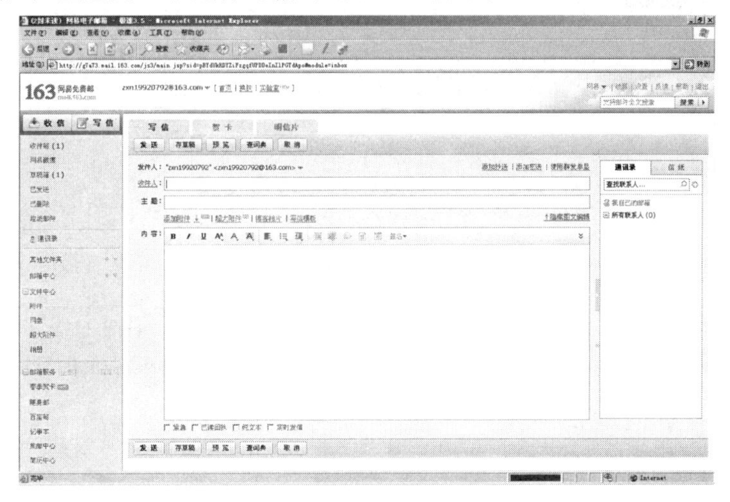

图 9-15　写信

② 在“收件人”文本框中输入接收方邮箱地址，在“主题”栏中输入邮件主题“全国计算机等级考试一级笔试试题”，选择“添加附件”，在弹出的对话框中选择要添加的文件，单击【打开】按钮，如图 9-16 所示；

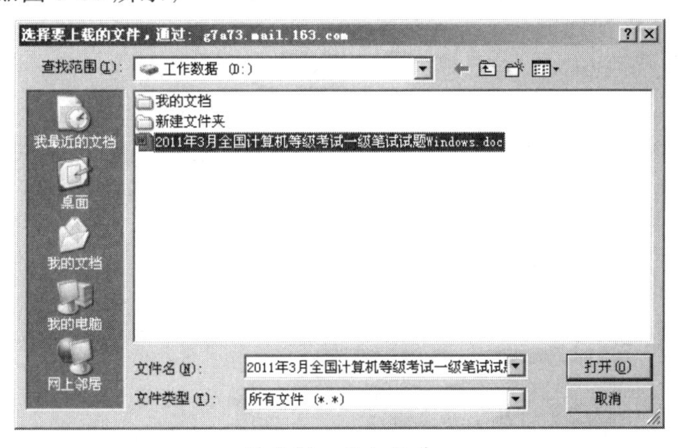

图 9-16　添加附件

③ 单击【发送】按钮，如图 9-17 所示，便可成功发送该邮件。如果有多个附件可以继续单击“添加附件”，使用同样的方式将多个附件添加进去。

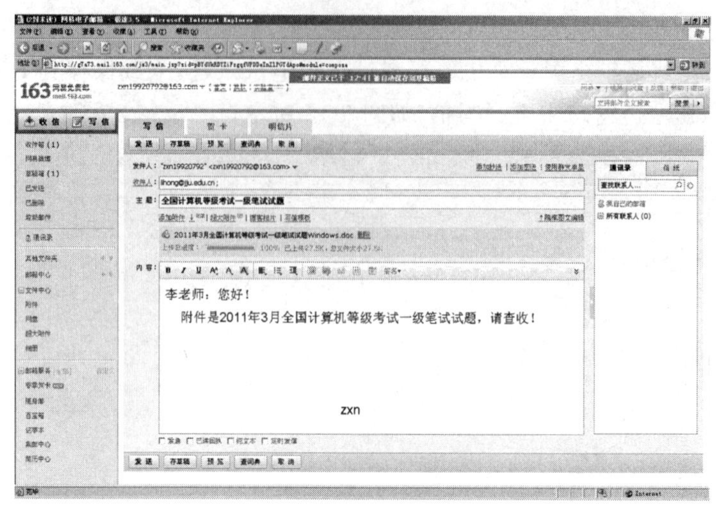

图 9-17 发送邮件

4. 常用网址

(1)常用搜索引擎:	Google 搜索	www. google. com
	百度搜索	www. baidu. com
	21CN	search. 21cn. com
(2)软件下载:	华军软件园	www. onlinedown. net
	天空软件站	www. skycn. com
	太平洋电脑网	www. pconline. com. cn
(3)其他:	中国知网	www. cnki. net
	网址大全	www. hao123. com
		www. 265. com
	电子商务网站	www. dangdang. com
		www. eday. com. cn
		www. taobao. com
	铁路交通信息查询	www. gaocan. com

实验十 计算机常用工具软件

一、实验目的

(1)掌握 Windows 自带磁盘管理工具的使用。
(2)掌握 WinRAR 打包压缩的方法和文件解压的方法。
(3)掌握 ACDSee 的基本操作方法。
(4)掌握网络下载工具的使用。
(5)掌握金山快译网页翻译及全文翻译的方法。
(6)掌握电子文档阅读器的使用。
(7)掌握反病毒软件的使用。

二、实验内容及步骤

1. Windows 自带磁盘工具的使用

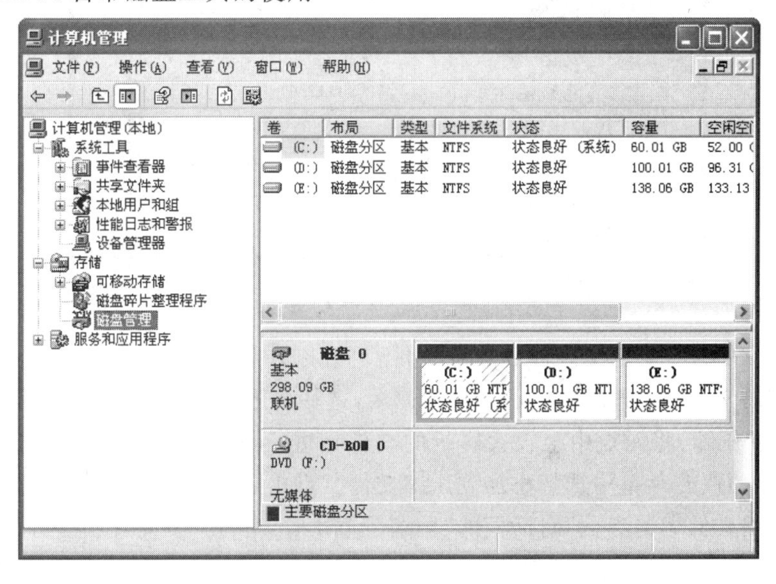

图 10-1 磁盘工具

(1)如图 10-1 所示。单击“开始”→“控制面板”→“管理工具”→“计算机管理”→“磁盘管理”,并在打开的窗口中,进行如下操作。

(2)查看有几个主分区。

(3)查看是否有扩展分区。

(4)扩展分区进行二次划分后又分为几个逻辑分区。

(5)查看每个分区的大小。

(6)查看每个分区的文件系统格式。

(7)查看是否有未分区的硬盘空间。

2. WinRAR 软件使用

(1)用 WinRAR 创建压缩包：在某磁盘中创建一个文件夹，将其命名为自己的名字，复制若干文件(不超过 20 M)到文件夹中，并将该文件夹进行快速压缩。

具体的操作是打开 WinRAR 软件，选中要压缩的文件夹后，点击工具栏中的【添加】按钮，就会弹出如图 10-2 所示窗口。为压缩文件添加注释，内容为“张三的压缩包”，最后点击【确定】按钮，就成功创建压缩包。并查看压缩前后的所占用的磁盘空间，求出压缩比。

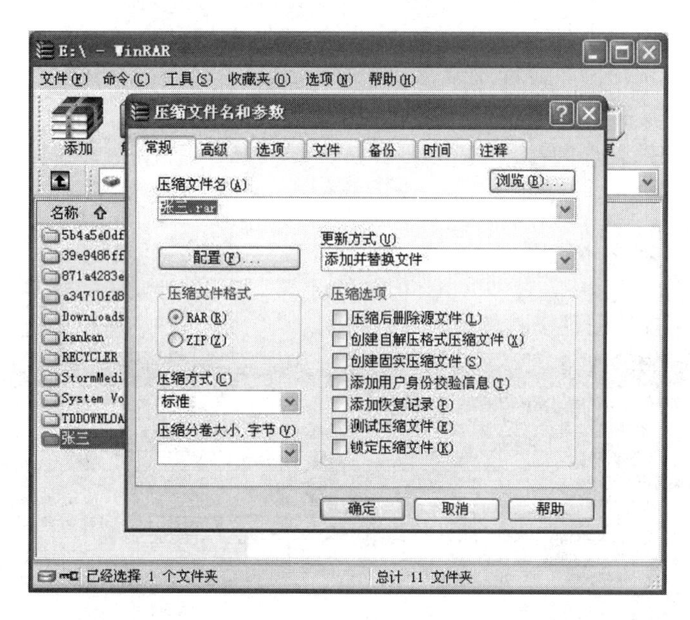

图 10-2 压缩文件

(2) 在已有的压缩包中添加和删除文件：打开刚才创建的压缩包，点击【添加】按钮，选择要添加的文件，如图 10-3 所示。添加完后，选择要删除的文件，再按【删除】按钮。

(3) 分卷压缩：将磁盘中某较大容量的文件夹进行分卷压缩。选择要分卷压缩的文件夹，从弹出的快捷菜单中选择添加到压缩文件。点击工具栏中的【添加】按钮，如图10-4所示，在“压缩文件名与参数”对话框的“压缩分卷大小，字节”中设置压缩分卷的大小，以字节为单位。

(4) 解压文件：将上面形成的多个压缩文件进行解压。具体做法是：在桌面新建一个文件夹，然后单击需要解压的压缩包，选择解压到刚刚在桌面建的新文件夹。

(5)加密自解压：利用 WinRAR 的自解压功能对(4)中桌面新建的文件夹创建自解压文件，并设置解压密码为 123，如图 10-5 所示。

3. ACDSee 的使用

(1)启动 ACDSee 程序。程序运行后，出现如图 10-6 所示的 ACDSee 主窗口。熟悉

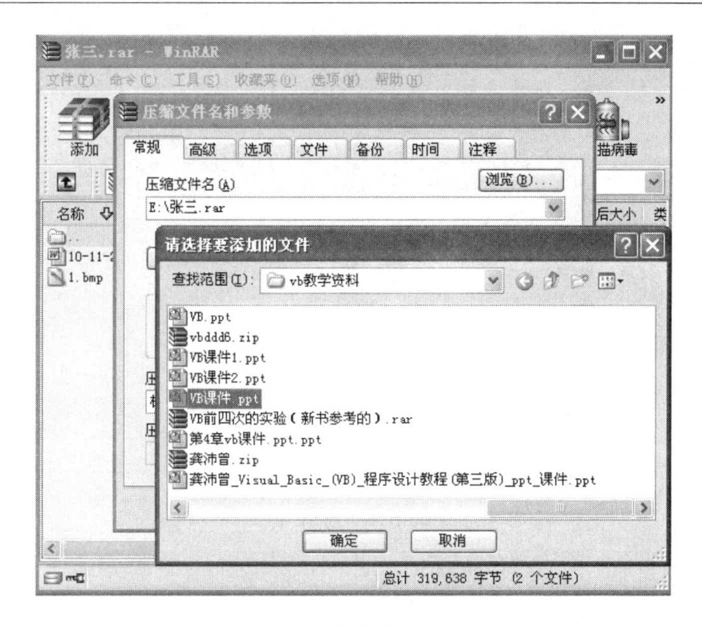

图 10-3　压缩包中添加文件

图 10-4　分卷压缩

ACDSee 的操作环境。打开每个菜单,查看菜单中的菜单项。

(2)在“文件”窗口中,以不同的方式浏览图片文件。单击打开“查看模式”下拉列表框,从中选择不同的方式浏览图片,单击打开“排序”下拉列表框,选择“大小”选项,图片文件将按照文件大小排序,然后选择“文件名称”选项,图片文件按照文件名排序。

(3)使用“快速查看器”浏览图片。双击示例图片的图片文件“Sunset.jpg”,在“快速查看器”中打开文件,如图 10-7 所示。注意:双击“快速查看器”中的文件,又可回到 ACDSee 主窗口。

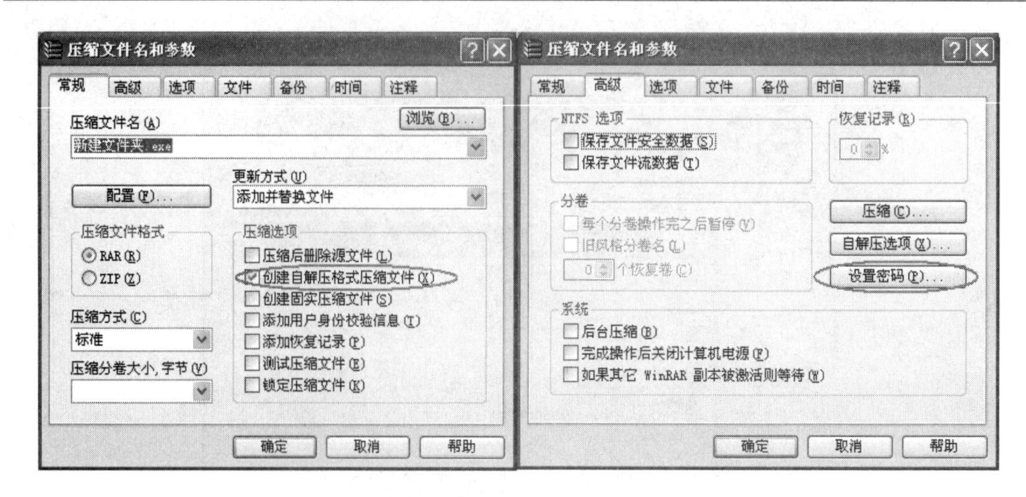

图 10-5 加密自解压

图 10-6 ACDSee 主窗口

(4)使用“快速查看器”主要工具栏中的工具(选择“视图”|“主工具栏”菜单项可显示),对图片进行旋转、放大、缩小等操作。单击“上一幅”按钮、“下一幅”按钮及“自动播放”按钮,浏览实验素材中的图片,如果要停止自动播放图片,再次单击“自动播放”按钮。

(5)进入到编辑模式修改图片,使图片“Sunset.jpg”具有油画效果。

4. 网络下载工具的使用

图 10-7　快速查看器

使用网络下载工具如网际快车，迅雷，eMule，VeryCD，BT 等下载网络资源，如图 10-8 所示。

图 10-8　下载工具

(1)设置默认的文件存放目录。

(2)下载免费翻译软件“金山快译个人版 1.0”、超星阅览器(SSReader)和 CAJViewer 阅读器。

5. 金山快译的使用

(1)安装金山快译并运行它,了解界面组件,了解各工具按钮的使用,如图 10-9 所示。

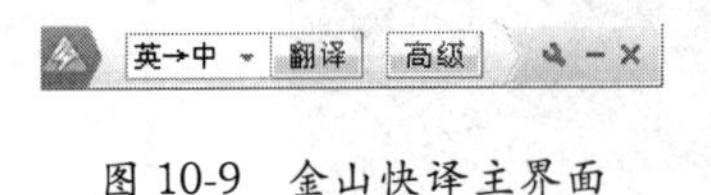

图 10-9 金山快译主界面

(2)利用金山快译对网页进行翻译,或对界面进行汉化。打开一个国外站点,选择"英→中"翻译引擎后,单击金山快译主界面上的"翻译"按钮,即可快速地将当前页面汉化。

(3)打开记事本,输入一个英文句子,选择"英→中"翻译引擎后,单击金山快译主界面上的"翻译"按钮,即可对英文句子进行翻译。

(4)使用全文翻译功能,写一个中文的自我介绍,并保存为一个文本文件,单击金山快译主界面上的"高级"按钮,在如图 10-10 所示的窗口,单击工具栏"打开"按钮将刚刚保存的文本文件打开,然后单击工具栏上的"中英"按钮,即可将中文的自我介绍翻译成英文。

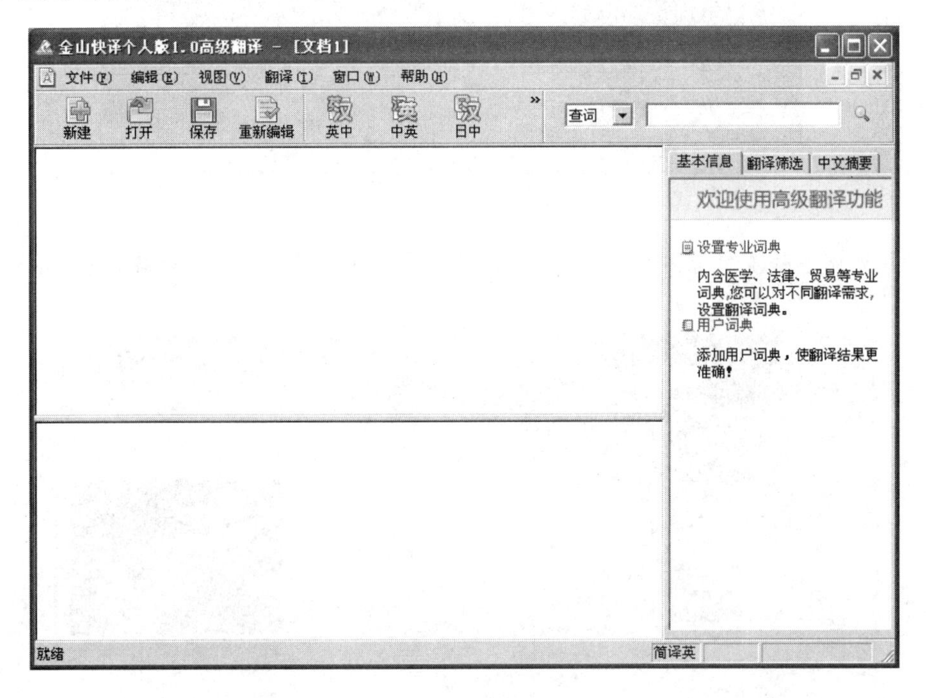

图 10-10 高级翻译

6. 电子文档阅读器 CAJViewer 的使用

目前 PDF 等格式文件以其优异的阅读效果已成为主流的电子文档格式。CAJViewer 是一款国产的免费电子文档阅读软件,它能阅读目前国内常见的 PDF, CAJ, KDH, NH, CAA, TEB 格式的电子文档,CAJViewer 既可以进行网上原文的阅读,也可以阅读下载后的中国期刊网全文,并且它的打印效果与原版的效果一致。另外 CAJViewer 内置了免费的 OCR 识别工具,可以轻松识别和复制 PDF 文档内容。

CAJViewer 体积小,打开和查看文件速度极快,功能丰富和实用,是阅读、管理和复制 PDF 等电子文档的极佳工具。如图 10-11 所示，CAJViewer 的主要功能如下。

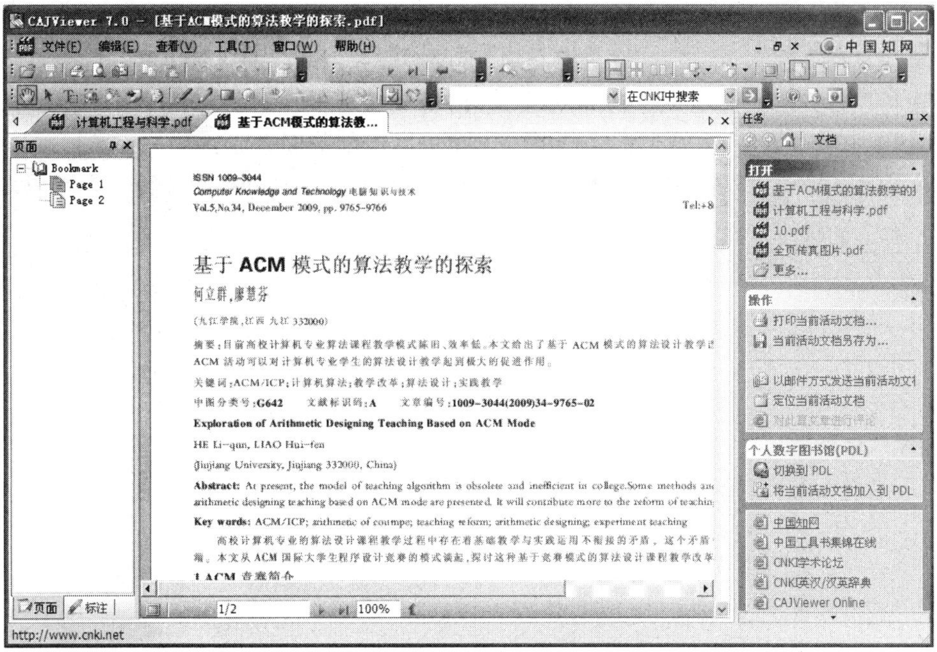

图 10-11　CAJViewer 主界面

（1）阅读文档。

通过菜单“文件”|“打开”来打开一个文档，开始阅读该文档，打开指定文档后将出现如图 10-11 所示界面。界面的主体被分为 3 部分，从左到右依次为“页面/标注/目录”“主页面”和“书架、搜索和帮助”3 个窗格。

①主页面：一般界面正中间最大的一块区域代表主页面，显示的是文档中的实际内容，可以通过菜单项或者点击工具条来改变显示比率；当光标是手的形状时，可以随意拖动页面，也可以点击打开链接；当前主页面还可以全屏显示；通过“首页”“末页”“上下页”“指定页面”“鼠标拖动”等功能实现页面跳转；可通过“放大”“缩小”“指定比例”“适应窗口宽度”“适应窗口高度”“设置默认字体”“设置背景颜色”等功能改变文章原版显示的效果。

②页面：点击菜单项“查看”|“页面”，即可在当前主页面的左边出现页面窗口。

③标注：点击菜单项“查看”|“标注”，即可在当前文档的主页面左边出现标注管理的窗口，在该窗口下，可以显示并管理当前文档上所作的所有标记。分别点击工具栏右侧的“注释工具”、“画直线工具”和“画曲线工具”3 个按钮即可用鼠标在 PDF 文档上进行相应的标注操作。以后若想查看这些做过标注的地方，点击左侧窗格下方的“标注”标签，切换到“标注”窗格，就会显示出该文档中所有的标注信息，点击即可快速查看标注过的内容。

④目录：当打开一个带有目录索引的文档，将可以在主页面的左边选择目录窗口，目录内容以树的形状在目录窗口中显示。

页面窗口、标注窗口和目录窗口总是层叠显示在主页面的左边，通过点击右上方的关闭按钮，可以同时隐藏或者正常显示，但是不会处于漂浮状态。

(2)显示模式。

CAJViewer 有几种布局模式:单页、连续、对开和连续对开模式,使用户浏览文档的方式更加灵活。在菜单“查看”|“页面布局”下点击即进入相应的显示模式,其中“连续”是默认选项。对开模式对应原来的单页模式,但是一次可以同时显示两页,如图 10-12 所示;连续对开就是对开模式的连续显示方式,可以同时浏览更多页。

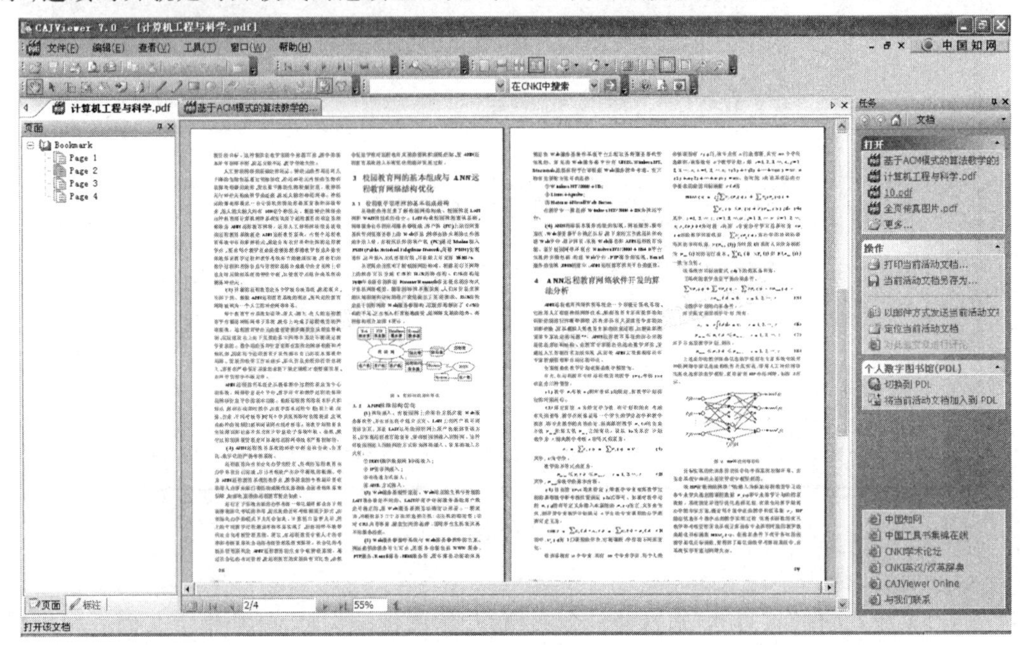

图 10-12 对开模式

此外,页面可以进行顺时针旋转和逆时针旋转,可以全部或单独旋转某一页面,并能将旋转结果保存。

(3)搜索。

对于非扫描文章,CAJViewer 提供全文字符串查询功能,并且能在多个文件夹搜索。点击菜单项“编辑”|“搜索”,搜索窗口将会出现,一般在屏幕的右边,如图 10-13 所示在编辑窗口里输入将要搜索的文本,选择搜索的范围。

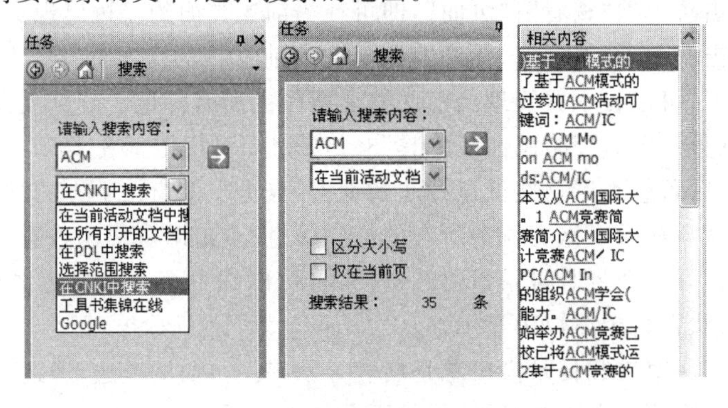

图 10-13 搜索图示

(4)文本和图像摘录。

通过菜单“工具”中的“文本选择”和“选择图像”功能可以分别实现文本及图像摘录，摘录结果可以粘到 WPS,Word 等文本编辑器中进行任意编辑，方便读者摘录和保存(适用于非扫描文章)，如图 10-14 所示。

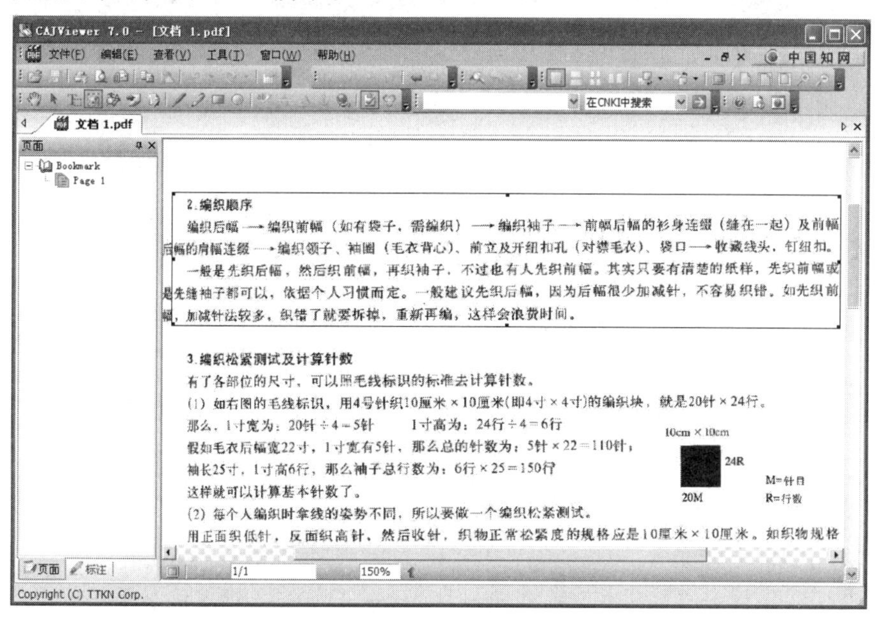

图 10-14 在扫描的文档上选取

(5)文字识别。

如果电子文档是用扫描图片制作的，文档中的内容无法直接复制，这时就该使用“文字识别”工具。CAJViewer 采用的是清华文通的 OCR 识别技术，识别精度非常高。其操作方法是点击菜单项“工具”|“文字识别”，或点击工具栏中的“文字识别”按钮，当前页面上的光标变成文字识别的形状，然后用鼠标选取文字识别范围，如图 10-14 所示，就会弹出一个“文字识别结果”窗口来显示识别出来的文字内容，点击【复制到剪贴板】按钮可以将该内容复制到 Windows 系统的剪贴板中使用，若点击【发送到 WORD】按钮则可以自动粘贴到 Office 的 Word 文档，如图 10-15 所示。

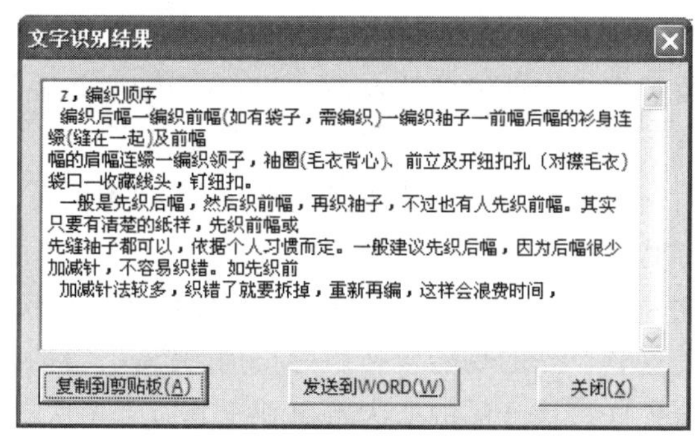

图 10-15 文字识别结果

(6)打印。

CAJViewer 可以按照原版显示效果进行打印。点击菜单项“文件”|“打印”,将弹出如图 10-16 所示对话框,进行打印的设置。

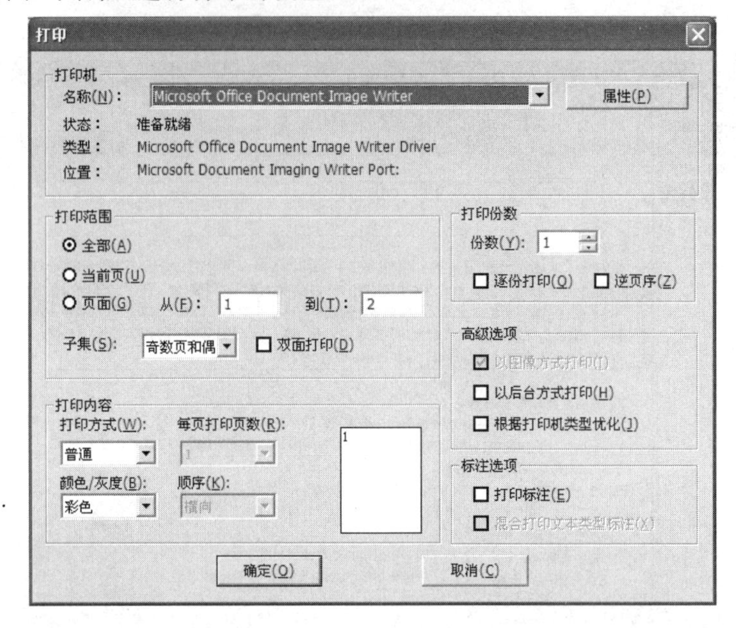

图 10-16 打印设置

“打印内容”选项:可以指定打印方式,包括普通方式和讲义方式,讲义方式可以在每页纸上打印多页文档,并且可以设置打印顺序。

“颜色/灰度”选项:可以设置按彩色、灰度、黑白方式打印。

“打印方式”选项:当打印方式选择讲义并且每页打印数大于 1 时可以选择打印顺序,包括横向、逆页序横向、纵向、逆页序纵向,在旁边的页面里会同时显示样式。

“标注选项”选项:默认不打印标注,如果选择打印标注,那么将在打印完文档之后,另外附上一页或者几页(视注释文本的多少而定),专门列上指定页面上的注释。

(7)实验操作。

①安装 CAJViewer 阅读器和 SSReader(超星阅览器),了解它们的界面组成和各命令项的功能;

②打开学校图书馆中国知网的镜像站点,查找与自己专业相关的论文,并将它转换成 Word 文档;

③打开学校图书馆超星数字图书馆的镜像站点,查找并阅读自己喜爱的图书。

7. 卡巴斯基反病毒软件的使用

卡巴斯基反病毒软件(Kaspersky Anti-Virus)是俄罗斯著名数据安全厂商卡巴斯基实验室的反病毒产品。这款产品的功能包括病毒扫描、驻留后台的病毒防护程序、脚本病毒拦截器以及邮件检测程序。该产品的最大特点在于其每天两次更新病毒代码。运行卡巴斯基反病毒 2011 软件,出现如图 10-17 所示主界面。

(1)设置。

图 10-17 卡巴斯基主界面

在主界面的右上角，点击“设置”按钮。如图 10-18 所示是对实时保护进行设置。如图 10-19 所示是对智能扫描进行设置。

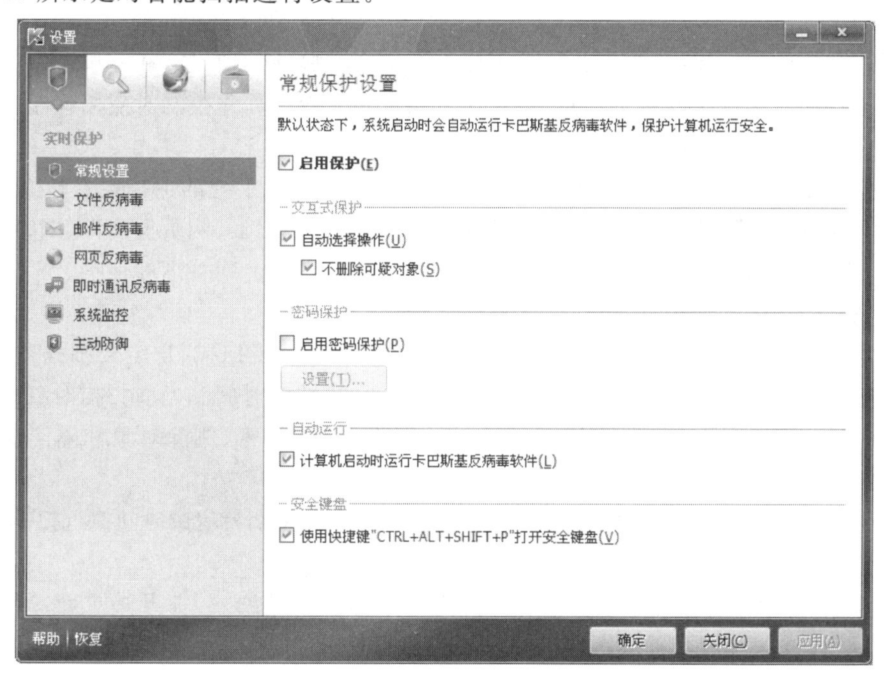

图 10-18 实时保护设置

(2)实时保护。

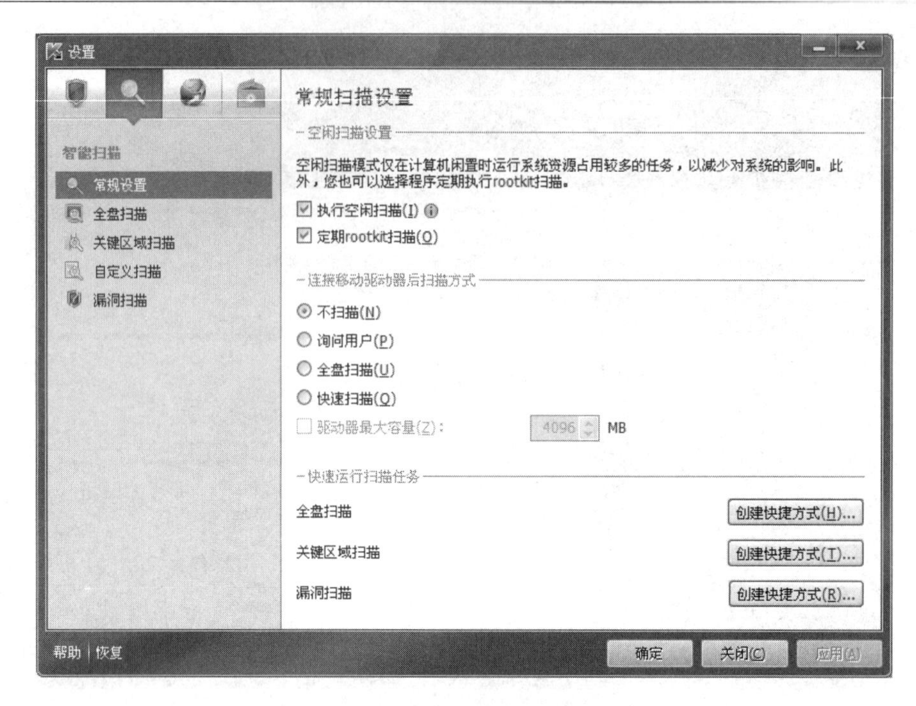

图 10-19 智能扫描设置

文件和隐私保护：部分包含文件和个人数据的保护设置、对各种资源的访问权限设置(用户名和密码)以及有关银行卡的信息等。这些文件受文件反病毒、应用程序控制和主动防御的保护。

系统和应用程序保护：点击此链接可以打开应用程序活动窗口。在此窗口中，可以查看正在运行的应用程序的有关信息，以及编辑用于定义应用程序控制对应用程序/应用程序组所执行操作的响应的设置。

网络在线安全：部分包含用于浏览网站和使用电子支付系统的保护设置以及防御垃圾邮件和病毒等的电子邮件保护设置。这些文件受邮件反病毒、网页反病毒、即时通讯反病毒、防火墙、反网络攻击、反垃圾邮件、网络监控、反广告和上网管理的保护。

(3)查病毒。

在主界面上选择智能查杀，可以进行全盘扫描、关键区域扫描、自定义扫描或漏洞扫描。扫描时窗口上会显示扫描进度的百分比、预计扫描结束时间和当前扫描对象的名称。卡巴斯基反病毒软件对查出的病毒会做出相应处理：清除病毒、删除对象和隔离病毒等，如图 10-20 所示。

此外，卡巴斯基还可以进行“计划扫描”，用户可以在每星期特定的时间执行扫描操作。

(4)更新。

病毒数据库可以定期进行更新，在主界面上选择免疫更新，即能开始更新，同时窗口上会显示病毒数据库现在状态是否是最新，并显示最新数据库发布的时间和特征数量，如图 10-21 所示。

(5)隔离区。

在杀毒过程中经常会遇到不能断定一个文件是否是病毒的情况，这时反病毒软件将

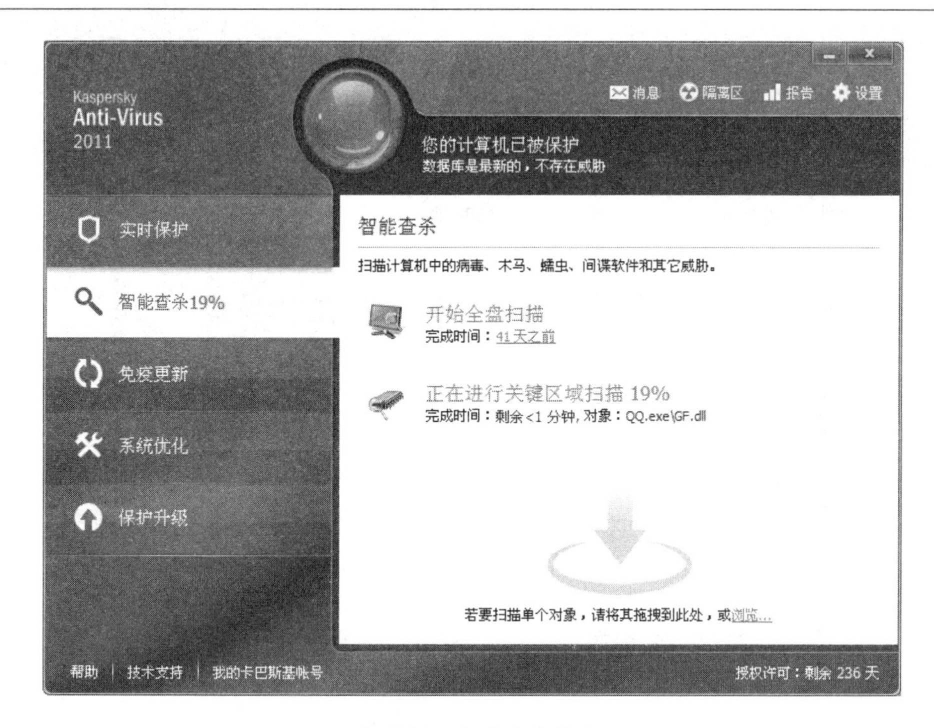

图 10-20　查杀病毒界面

图 10-21　更新病毒库界面

会对这类文件进行隔离处理。点击主界面右上角的“隔离区”，用户就可以在打开的窗口中查看已被隔离的文件，还可以对隔离的对象执行删除、恢复等操作，如图 10-22 所示。

保护状态 - 卡巴斯基反病毒软件 2011
状态
已检测到的威胁
报告
所有
移至隔离区
处理所有威胁
保存
时间
状态
检测到的威胁
对象
危险程度
2011-1-17 19:42... 检测到威胁 入侵者可能利用该合... C:\PROGRAM FILES\CHI... 低
2011-3-1 13:06:07 检测到威胁 入侵者可能利用该合... C:\DOCUMENTS AND S... 高
2011-3-1 22:12:13 检测到威胁 入侵者可能利用该合... C:\DOCUMENTS AND S... 高
2011-3-1 22:12:13 检测到威胁 入侵者可能利用该合... D:\PROGRAM FILES\KIN... 高
2011-3-30 11:54... 检测到威胁 入侵者可能利用该合... D:\PROGRAM FILES\TT... 低
2011-3-31 18:53... 检测到威胁 入侵者可能利用该合... C:\DOCUMENTS AND S... 低
已删除 (2)
2011-3-6 21:40:38 已删除 木马程序 Trojan-Do... g:\autorun.inf 高
2011-3-6 21:41:26 已删除 木马程序 Trojan-Dro... G:\SysAnti.exe 高
未发现 (20)
可疑的 (1)
2011-2-23 16:23... 可疑的 恶意网址 C2BDCA3C... http://bbs.ny1988.com... 高
感染的 (1)
2011-3-17 11:30... 感染的 木马程序 Exploit.JS.... http://8kij.3322.org:99... 高
帮助
关闭(C)

图 10-22 隔离区界面

综合应用训练

一、Windows 7 综合操作

（1）在D盘根目录下建立两个新文件夹“我的学校”和“WDXX”。

（2）在C盘根目录下建立两个新文件“我的学校.txt”和“WDXX.bmp”，在两文件中分别输入姓名。

（3）将C盘根目录下的文件“我的学校.txt”复制到D盘“我的学校”文件夹下。

（4）将D盘“我的学校”文件夹中的文件“我的学校.txt”重新命名为“My school.txt”，并设置为“只读”属性。

（5）将C盘根目录下的文件“WDXX.bmp”剪切到D盘“WDXX”文件夹下，并重命名为“WDXX.jpg”。

（6）删除C盘根目录下的文件“我的学校.txt”。

（7）搜索D盘内扩展名为“.bmp”、文件大小至多800 kB的文件，并将搜索到的文件全部复制到D盘“WDXX”文件夹下。

（8）将D盘“WDXX”文件夹内的文件排序，按文件大小降序排列。

（9）恢复第6步删除的文件“我的学校.txt”。

（10）为C盘根目录下的文件“我的学校.txt”创建快捷方式并存放在桌面上。

（11）搜索文件calc.exe文件并将其复制到D盘“我的学校”文件夹中。

（12）设置“屏幕保护程序”为“气泡”，设置“桌面背景”为“WDXX.bmp”，设置“桌面项目”，使桌面上显示“计算机”、“网络”图标，不显示“回收站”图标。

（13）将C盘的卷标更改为“系统”。

（14）显示所有文件名的扩展名。

（15）为本机安装打印机驱动程序。

（16）为系统添加“极品五笔”输入法，并将其设为开机后默认输入语言。

（17）通过百度下载新的字体添加到Windows中。

（18）将当前日期时间设定为“2016年6月6日上午6点6分”。

二、Microsoft Word 2010 综合操作

练习一 Word 文字及图片排版

(1) 通过网络找出至少 3 处自己比较想去的中国名胜古迹(包括所处地点、介绍、特色、风景图片等,以及查找到该信息的网址)。

(2) 文档纸张大小为 A4,页面边距设置为上 2.5 厘米、下 2.5 厘米、左 3 厘米、右 3 厘米,并在页脚中间处插入页码,在页眉处写上文档题目、作者姓名和制作日期。

(3) 文档应有题目,如"中国名胜古迹介绍"等,并对标题的属性进行设置,使其看上去尽量美观(可以使用文本,也可以使用艺术字、图片等)。

(4) 列出 3 处名胜古迹的介绍,且每处名胜古迹至少有一幅风景图片。

(5) 包含一个表格,其中包括 5 列,分别为:名胜古迹的名字、所处地点、特色、有该名胜古迹详细介绍的网址(应为超级链接,点击即可进入相应网站),以及景色评价(如可以用 5 颗星表示强烈推荐,4 颗星表示推荐,3 颗星表示一般……根据文档风格和自己喜好也可以使用其他符号)。

练习二 Word 表格排版

新建一个文档,要求在同一个文档中按照所给的内容绘制如下的两张表格,每张表格各占一页纸。

表综合 2-1 某学院教职工篮球比赛表

2012—2013 学年某学院教职工篮球比赛			
日期	时间	对阵	结果
2012-05-30	19:00	会计 vs 商学	45:50
2012-05-31	19:00	土木 vs 旅游	42:36
2012-06-05	19:00	电子 vs 机械	52:45
2012-06-06	19:00	信息 vs 体育	72:70
2012-06-07	19:00	文传 vs 社科	42:36
2012-06-08	19:00	外语 vs 材料	36:18
2012-06-12	19:00	艺术 vs 护理	40:30
2012-06-13	19:00	后勤 vs 法学	56:42

表综合 2-2　某学院校园网管理中心入网用户登记表

用户性质	○单位　○教职工　○学生			用户编号	
用户名(6-10 个小写英文字母)				开户时间	
接入方式	○拨号　○局域网				
接入类型	○动态 IP 方式　○静态 IP 方式:IP 地址范围				
电子信箱	@jjtu. edu. cn		信箱空间	MB	
申请主机域名	www.　. jjtu. edu. cn		网关 IP 地址		
姓名		性别		出生年月	
单位		职务		职称	
联系电话		身份证号			
接入地点					
单位签章 用户签名:____________			备注		

练习三　Word 论文排版

1. 编写论文结构如下

封面—摘要(中文)—摘要(英文)—目录—正文—(注释、附录)—参考文献—致谢

2. 格式

(1) 从新的一页开始,以下没有要求空行的位置,不能任意空行。

(2) 中文摘要。

① “摘要”两个字:四号黑体加粗,居中,段前、段后间距设置为“自动”,行间距为“1.5 倍行距”,没有左缩进、右缩进和特殊缩进格式。

② 摘要中的内容:四号宋体(中文)、四号 Times New Roman(英文),段前、段后间距设置为“0”,行间距为“1.5 倍行距”,每段首行缩进为“2 字符”,所有标点符号用中文状态下的标点符号,需要页码(罗马数字,居中)。

③ 从说明书标题或正文中挑选 3～5 个最能表达主要内容的词作为关键词,涉及的内容、领域从大到小排列,便于文献编目与查询。中文摘要中的“关键词”不能出现英文缩写词,实在不能回避之处,也应用中文表示。例如:若需用“TCP”作关键词,那么应用“传输控制协议”作关键词。

④ 另起一行置于摘要下方,与摘要的最后一行之间有一空行间隔。“关键词”3 个字用四号黑体加粗,用“[”和“]”两个符号(四号黑体加粗)将这 3 个字括起来。其他的关键词用四号宋体(中文)、四号 Times New Roman(英文),之间用中文状态下的逗号“,”分隔,段前、段后间距设置为“0”,行间距为“1.5 倍行距”,要设置悬挂缩进(大小不一,视论文而定,如样本所示)。

(3) 英文摘要。

① 英语摘要用词应准确,使用本学科通用的词汇,语句通顺;摘要中主语(作用)常常省略,因而一般使用被动语态;应使用正确的时态,并要注意主、谓语的一致,必要的冠词不能省略。

② 从新的一页开始,"Abstract":四号 Times New Roman 加粗,居中,段前、段后间距设置为"自动",行间距为"1.5 倍行距",没有左缩进、右缩进和特殊缩进格式。

英文摘要中的内容:四号 Times New Roman,段前、段后间距设置为"0",行间距为"1.5 倍行距",每段首行缩进为"2 字符",使用"两端对齐",所有标点符号用英文状态下的标点符号。并取消段落格式中"如果定义了文档网格,则与网格对齐"的选择。需要页码(罗马数字,居中)。

③ 英文关键词。另起一行置于摘要下方,与摘要的最后一行之间有一空行间隔。"Keywords"用四号 Times New Roman 加粗,用"["和"]"两个符号(四号 Times New Roman 加粗)将这几个字括起来。其他的关键词用小写,四号 Times New Roman,之间用英文状态下的逗号","和一个空格分隔。段前、段后间距设置为"0",行间距为"1.5 倍行距",要设置悬挂缩进(大小不一,视论文而定,如样本所示)。并取消段落格式中"如果定义了文档网格,则与网格对齐"的选择。

(4) 目录。

① 书写要点:写出目录,标明页码。

② 格式。"目录"两个字:四号黑体加粗,居中,段前、段后间距设置为"自动",行间距为"1.5 倍行距",没有左缩进、右缩进和特殊缩进格式。

目录的内容用小四宋体,1.5 倍行距,最多只要二级目录。章、节与名称之间用一个英文空格分隔(具体的格式视样本所示)。不需要页码。每章标题没有左缩进、右缩进和特殊缩进格式,每节标题首行缩进 1 字符,使用"两端对齐"。

(5) 正文。

正文字体(除章、节、小节标题和图表文字以外)小四字体(中文)、小四 Times New Roman(英文),用中文标点符号,段前、段后间距均为 0,1.5 倍行间距,首行缩进 2 字符,无需页眉\页脚,需要页码(阿拉伯数字,居中)。

①论文的每一章开头必须新起一页。论文的每一章要用"第 n 章 ×××"引出,但第一章前言直接用"前言"引出(从前言的下一章开始为第一章),最后一章全文总结直接用"结束语"引出,不要再标"第 n 章"。均采用四号黑体加粗,居中,段前、段后间距设置为"自动",行间距为"1.5 倍行距",没有左缩进、右缩进和特殊缩进格式。在目录中要表示出来。

②小节要用"n. m ×××"(第 n 章的第 m 节)引出,四号黑体,左顶格对齐,段前、段后间距设置为"0",行间距为"1.5 倍行距",没有左缩进、右缩进和特殊缩进格式。在目录中表示。每节的标题顶头原则上不要出现在一页的最后一行。

③子小节要用"n. m. k ×××"(第 n 章的第 m 节第 k 小节)引出,小四号黑体,左顶格对齐,段前、段后间距设置为"0",行间距为"1.5 倍行距",没有左缩进、右缩进和特殊缩进格式。标题一律左顶格对齐。不在目录中表示。每节的标题顶头原则上不要出现在一页的最后一行。

④每个章节内的序号(1)(2)(3)… ①②③… a. b. c. … (a)(b)(c)… 按上述次序出

现，不要跨级出现。序号所在的行开头一律空两个汉字。尽量不要使用无序符号(如点、圈、星等，诸如“√、●、☆、★、◎”此类的符号)。

⑤正文中图表格式。

a. 论文中所有的图表都应有图表名称，论文中所有的图表都应编号，并且在论文中必须有引出处。图表的编号可采用按章标号，形式为“图 n－m”(第 n 章图 m)或“表 n－m”(第 n 章表 m)。

b. 图表字体：图表的编号、名称用五号楷体，图表内文字均用五号宋体(中文与标点符号)，五号 Times New Roman(英文)。

c. 图表位置：图编号名称置于图形的下面；表编号名称置于表的上面。

⑥数据结构、算法等的描述段落整体缩进 2 个汉字。为了表明之间的层次关系，同一层次的左边对齐；层次不同的，依次向右多空 1 个汉字位置。

(6) 附录。

① 书写要点。将各种篇幅较大的图纸、数据表格、计算机程序等材料附于附录。

② 格式。“附录”两个字：四号黑体加粗，居中，段前、段后间距设置为“自动”，行间距为“1.5 倍行距”，没有左缩进、右缩进和特殊缩进格式。

附录内容的格式与正文的格式要求相同。

(7) 参考文献。

① 书写要点。在毕业设计说明书末尾要列出在论文中参考过的专著、论文及其他资料(15 篇以上)，所列参考文献应按论文参考或引证的先后顺序排列。

按论文(设计)中参考文献出现的先后顺序用阿拉伯数字连续编号，将序号置于方括号内，并视具体情况将序号作为上角标，或作为论文(设计)的组成部分。如“……陈××教授对此做了研究，数学模型见文献[5]。”

a. 参考文献中除 RFC，ITU，IETF，IRTF 等标准外，不允许使用网址。

b. 参考文献应至少 15 篇，参考文献必须给出页码。

② 格式。

a. 小四宋体(中文)，小四 Times New Roman(英文)，左顶格写，“两端对齐”，悬挂缩进 2 字符。其分隔符分别用英文状态下的点号(.)，中文状态下的逗号(，)、括号和冒号，字体设置为小四宋体(具体格式参照范例)。

b. 参考文献必须在论文中给出引用处，且参考文献的引用顺序和给出顺序严格一致。例如，在参考文献中给出的第一篇文献一定是最先引用，最后给出的文献一定是最后引用。

论文中参考文献的标注位置总是在标点符号的前面。例如“办公业务实现数字化和网络化[6]。”为正确，“办公业务实现数字化和网络化。[6]”为错误。

c. 参考文献的给出范例(注意：中文文献、英文文献以及书籍的给出规则存在局部差异，请仔细研究)。

(a) 科技书籍和专著注录格式。

[编码]作者. 书名. 版本(版本为第一版时可省略). 译者. 出版地：出版社，出版日期. 引用内容所在页码.

例如：

[1] 高景德，王祥珩，李发海. 交流电机及其系统的分析. 北京：清华大学出版社，

1993：120～125.

(b) 科技论文的注录格式。

[编码]作者. 论文篇名. 刊物名，出版年，卷(期)号：论文在刊物中的页码.

例如：

[1] Rolf Oppliger. Internet Security：Firewall and etc. Communications of ACM，1997，40(5)：92～102.

[2] 田捷，熊前兴. 基于SOAP的消息传递安全性技术研究. 计算机应用，2003，23(6)：284～286.

[3] 胡昌振，李贵涛. 面向21世纪的网络安全与防护. 北京：北京希望电子出版社，1999：103～104.

(8) 致谢。

① 书写要点。对在完成课题研究和论文写作过程中给予指导和帮助的导师、校内外专家、实验技术人员、同学等表示感谢。

② 格式。“致谢”两个字：四号黑体加粗，居中，段前、段后间距设置为“自动”，行间距为“1.5倍行距”，没有左缩进、右缩进和特殊缩进格式。

附录内容的格式与正文的格式要求相同。

(9) 纸张设定上下边距2.54 cm，左右边距3.17 cm。

3. 编辑后效果图

编辑后效果如图综合2-1～2-8所示。

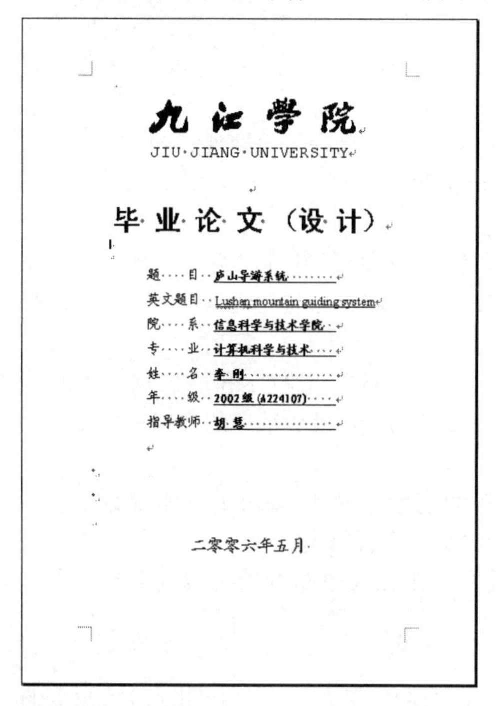

九江学院

JIU·JIANG·UNIVERSITY

毕业论文（设计）

题　　目　庐山导游系统

英文题目　Lushan mountain guiding system

院　　系　信息科学与技术学院

专　　业　计算机科学与技术

姓　　名　李刚

年　　级　2002级(A224107)

指导教师　胡慧

二零零六年五月

图综合2-1　效果图1

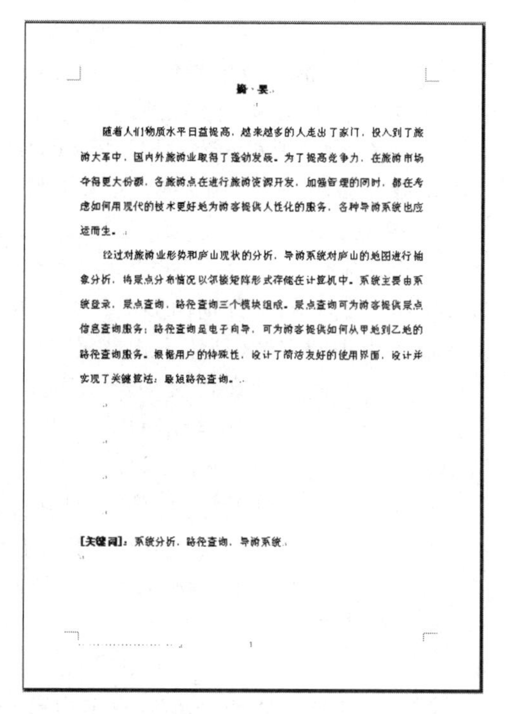

摘要

随着人们物质水平日益提高，越来越多的人走出了家门，投入到了旅游大军中，国内外旅游业取得了蓬勃发展。为了提高竞争力，在旅游市场夺得更大份额，各旅游点在进行旅游资源开发，加强管理的同时，都在考虑如何用现代的技术更好地为游客提供人性化的服务，各种导游系统也应运而生。

经过对旅游业形势和庐山现状的分析，导游系统对庐山的地图进行抽象分析，将景点分布情况以邻接矩阵形式存储在计算机中。系统主要由系统登录，景点查询，路径查询三个模块组成。景点查询可为游客提供景点信息查询服务；路径查询是电子向导，可为游客提供如何从甲地到乙地的路径查询服务。根据用户的特殊性，设计了简洁友好的使用界面，设计并实现了关键算法：最短路径查询。

【关键词】：系统分析，路径查询，导游系统

图综合2-2　效果图2

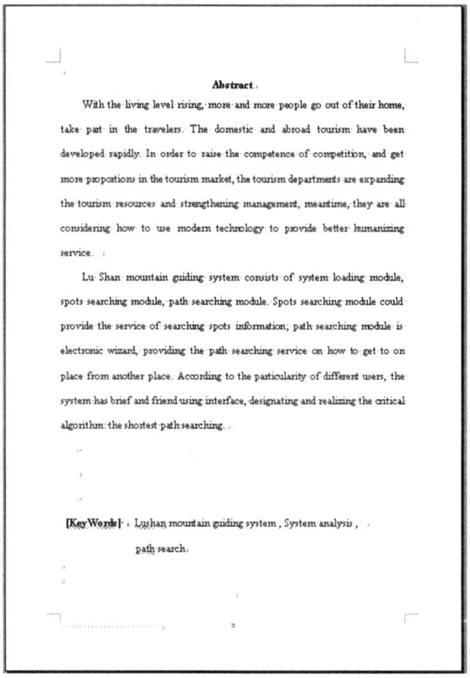

Abstract

With the living level rising, more and more people go out of their home, take part in the travelers. The domestic and abroad tourism have been developed rapidly. In order to raise the competence of competition, and get more proportions in the tourism market, the tourism departments are expanding the tourism resources and strengthening management, meantime, they are all considering how to use modern technology to provide better humanizing service.

Lu Shan mountain guiding system consists of system loading module, spots searching module, path searching module. Spots searching module could provide the service of searching spots information; path searching module is electronic wizard, providing the path searching service on how to get to on place from another place. According to the particularity of different users, the system has brief and friend using interface, designating and realizing the critical algorithm: the shortest path searching.

[KeyWords]: Lushan mountain guiding system, System analysis, path search.

ii

图综合 2-3　效果图 3

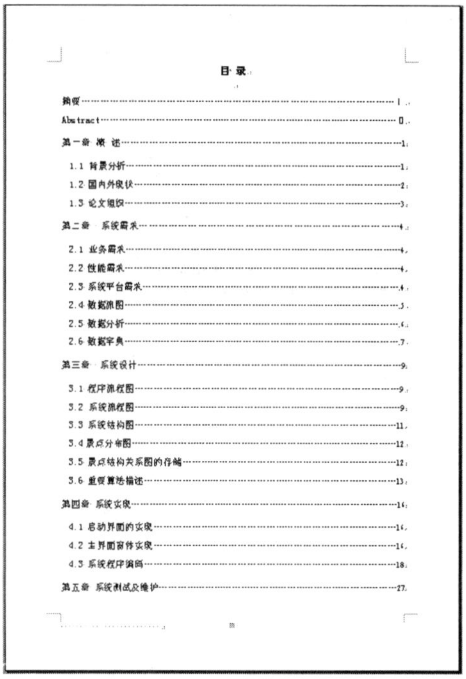

目 录

III

图综合 2-4　效果图 4

IV

图综合 2-5　效果图 5

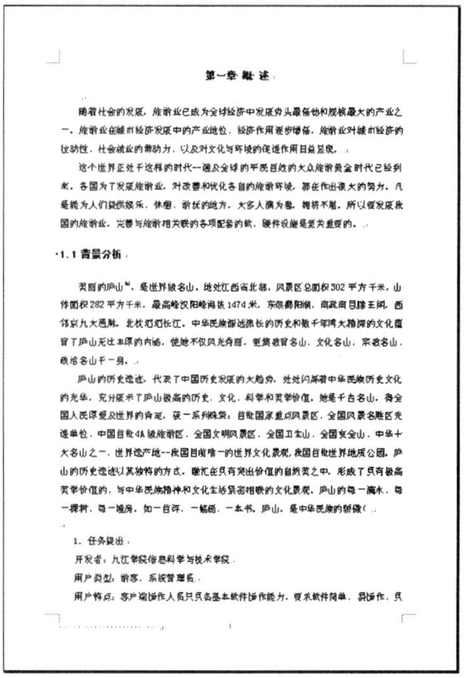

第一章 概 述

随着社会的发展，旅游业已成为全球经济中发展势头最强劲和规模最大的产业之一。旅游业在城市经济发展中的产业地位、经济作用逐步增强，旅游业对城市经济的拉动性、社会就业的带动力，以及对文化与环境的促进作用日益显现。

这个世界正处于这样的时代--遍及全球的平民百姓的大众旅游黄金时代已经到来。各国为了发展旅游业，对改善和优化各自的旅游环境，都在作出很大的努力。凡是能为人们提供娱乐、休憩、游玩的地方，大多人满为患，拥挤不堪。所以要发展我国的旅游业，完善与旅游相关联的各项配套的软、硬件设施是至关重要的。

1.1 背景分析

美丽的庐山[1]，是世界级名山，地处江西省北部，风景区总面积302平方千米，山体面积282平方千米，最高峰汉阳峰海拔1474米，东偎鄱阳湖，南靠南昌滕王阁，西邻京九大通脉，北枕滔滔长江。中华民族源远流长的历史和数千年博大精深的文化孕育了庐山无比丰厚的内涵，使她不仅风光秀丽，更集教育名山、文化名山、宗教名山、政治名山于一身。

庐山的历史遗迹，代表了中国历史发展的大趋势，处处闪烁着中华民族历史文化的光华，充分展示了庐山极高的历史、文化、科学和美学价值，她是千古名山，得全国人民厚爱及世界的肯定，获一系列殊荣：首批国家重点风景区、全国风景名胜区先进单位、中国首批4A级旅游区、全国文明风景区、全国卫生山、全国安全山、中华十大名山之一、世界遗产地--我国目前唯一的世界文化景观，我国首批世界地质公园。庐山的历史遗迹以其独特的方式，融汇在具有突出价值的自然美之中，形成了具有极高美学价值的、与中华民族精神和文化生活紧密相联的文化景观。庐山的每一滴水、每一棵树、每一栋房，如一首诗、一幅画、一本书。庐山，是中华民族的骄傲！

1. 任务提出

开发者：九江学院信息科学与技术学院

用户类型：游客、系统管理员

用户特点：客户端操作人员只具备基本软件操作能力，要求软件简单、易操作、具

1

图综合 2-6　效果图 6

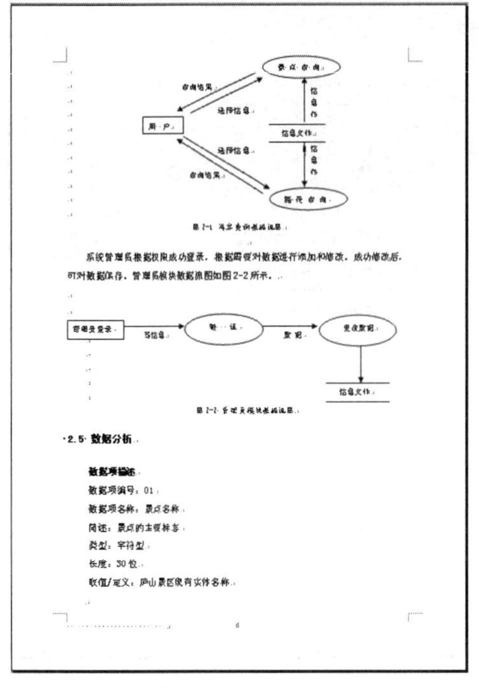

系统管理员根据权限成功登录，根据需要对数据进行添加和修改，成功修改后，可对数据保存，管理员模块数据流图如图2-2所示。

2.5 数据分析

数据项描述

数据项编号：01

数据项名称：景点名称

简述：景点的主要标志

类型：字符型

长度：30位

取值/定义：庐山景区现有实体名称

图综合2-7　效果图7

组成，景点编号由0-9十个数字组成与景点名称一一对应，景点介绍主要介绍了个景点的基本设施及用途。

景点编号	景点名称	景点介绍	景点图片
0	如琴湖	此湖，建于1961年，面积约110000平方米，蓄水量约1000000立方米，因湖面形如小提琴，故名。	Bitmap1
1	乌龙潭	乌龙潭位于东谷山冲底部头，两山夹峙，中为一段幽涧，树木交翠，绿荫掩映，恬静凉爽。	Bitmap2
2	含鄱口	含鄱口海拔1286米，含鄱岭和对面的汉阳峰之间形成一个巨大壑口，大有一口吸尽山麓的鄱阳湖水之势，故得名	Bitmap3
3	仙人洞	仙人洞为庐山著名景点之一，位于锦绣谷的南端，有参差如手的"佛手岩"。	Bitmap4
4	三叠泉	三叠泉位于五老峰下部，飞瀑流经的峭壁有三级，溪水分三叠泉飞泻而下，落差共155米，极为壮观，撼人魂魄。	Bitmap5
5	五老峰	五老峰地处庐山东南，因山的绝顶被垭口所断，分成并列的五个山峰，仰望俨若席地而坐的五位老翁。	Bitmap6
6	植物园	从含鄱口沿石阶而下走数百米即抵植物园大门，是我国著名的亚热带高山植物园。	Bitmap7
7	东林寺	东林寺，座落于庐山西麓，是净土宗发源地。东林寺为晋代东方名僧慧远于东晋太元九年（公元384年）创建。	Bitmap8
8	大口瀑布	大口瀑布是庐山管理局近年开发出来的景点，游客可乘索道直接到大口瀑布。	Bitmap9
9	小天池	小天池位于庐山牯岭北面，池中之水置于高山而终年不溢不涸，池后山脊上，屹立着一座白塔似的喇嘛塔。	Bitmap10

图综合2-8　效果图8

三、Microsoft Excel 2010 综合操作

练习一　九九乘法表

1. 在Sheet1的A1单元格内输入“*”，用自动填充的方法在A2:A10依次输入1，2，3，4，5，6，7，8，9；在B1:J1也依次输入1，2，3，4，5，6，7，8，9。

2. 使用公式和公式复制的方法，完成九九乘法表的输入，结果如图综合3-1所示。

3. 以“99.xlsx”为文件名保存在D盘的根目录下。

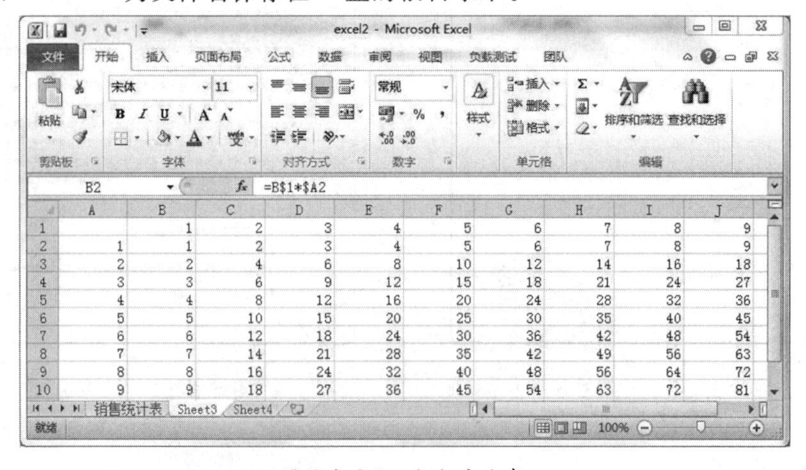

	A	B	C	D	E	F	G	H	I	J
1		1	2	3	4	5	6	7	8	9
2	1	1	2	3	4	5	6	7	8	9
3	2	2	4	6	8	10	12	14	16	18
4	3	3	6	9	12	15	18	21	24	27
5	4	4	8	12	16	20	24	28	32	36
6	5	5	10	15	20	25	30	35	40	45
7	6	6	12	18	24	30	36	42	48	54
8	7	7	14	21	28	35	42	49	56	63
9	8	8	16	24	32	40	48	56	64	72
10	9	9	18	27	36	45	54	63	72	81

图综合3-1　九九乘法表

练习二 某学院大门交通调查分析表

(1) 建立 Excel 工作簿,在编辑窗口输入如图综合 3-2 所示内容,在 Sheet1 中最顶端插入一行,在 A1 单元格输入标题“某学院大门交通调查表”,合并 A1:E1 单元格,使标题居中,16 号、宋体、加粗。

(2) 流量超过 2000 的数据,用蓝色显示。

(3) 在 Sheet1 的最右边增加一列“合计”,并采用函数求出各行相应合计值。“合计”列填充“红色”。

(4) 在 Sheet1 中根据工作表,生成一“簇状柱形图”,标题为“某学院大门交通分析图”。

时间	行人	自行车	电动车	机动车
6:00	243	213	109	134
6:30	328	506	171	157
7:00	5060	889	99	1054
7:30	10512	1620	256	1252
8:00	2005	563	152	1526
8:30	2343	852	77	1630
9:00	2510	362	49	589
9:30	2410	546	36	652
10:00	845	125	40	321
10:30	652	56	48	123

图综合 3-2 某学院大门交通调查表

(5) 编辑后效果如图综合 3-3 所示。

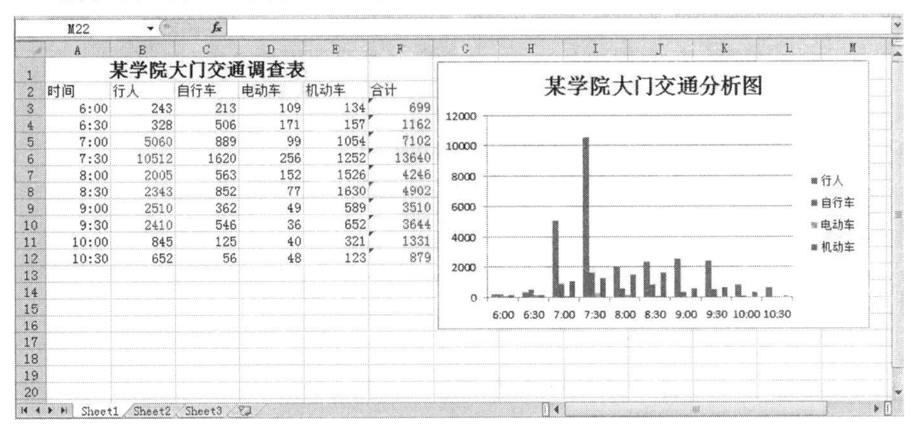

某学院大门交通调查表

时间	行人	自行车	电动车	机动车	合计
6:00	243	213	109	134	699
6:30	328	506	171	157	1162
7:00	5060	889	99	1054	7102
7:30	10512	1620	256	1252	13640
8:00	2005	563	152	1526	4246
8:30	2343	852	77	1630	4902
9:00	2510	362	49	589	3510
9:30	2410	546	36	652	3644
10:00	845	125	40	321	1331
10:30	652	56	48	123	879

图综合 3-3 编辑后效果图

练习三 全海域海水水质评价表

(1) 建立 Excel 工作簿,在编辑窗口输入如图综合 3-4 所示内容,在 A7 单元格内输入“全国”,B7:E7 单元格区域的值分别为对应列数值之和。

(2) 表格格式化。第一行合并 A1:E1 使标题居中,单元格字体设为黑书、16 号;第二行及第 A 列添加金黄色底纹;所有单元格文本水平居中对齐,为表格添加行边框。

(3) 插入柱形图,子类型为百分比堆积柱形图,图表标题为“全海域海水水质评价柱形图”,横坐标为“海区”,纵坐标为“百分比”。

E16

	A	B	C	D	E
1	全海域海水水质评价表				
2	海区	较清洁海域面积	轻度污染海域面积	中度污染海域面积	严重污染海域面积
3	渤海	1.59	0.541	0.303	0.231
4	黄海	1.56	1.29	1.131	0.808
5	东海	2.156	1.362	1.211	2.068
6	南海	1.258	0.857	0.436	0.099

Sheet1　Sheet2　Sheet3

图综合 3-4　全海域海水水质表

(4) 设置图表布局为"图表布局 5"。其中图例为无边框，位置靠右，楷体、9 号；坐标格式为楷体、9 号，分类轴无刻度线；图表标题为楷体、12 号，清除绘图区网格线、边框、背景颜色及图表区边框。

(5) "轻度污染"数据系列格式：内部颜色改为橘黄色；"严重污染"数据系统格式：内部填充为紫色网格纹理。

(6) 编辑后效果如图综合 3-5 所示。

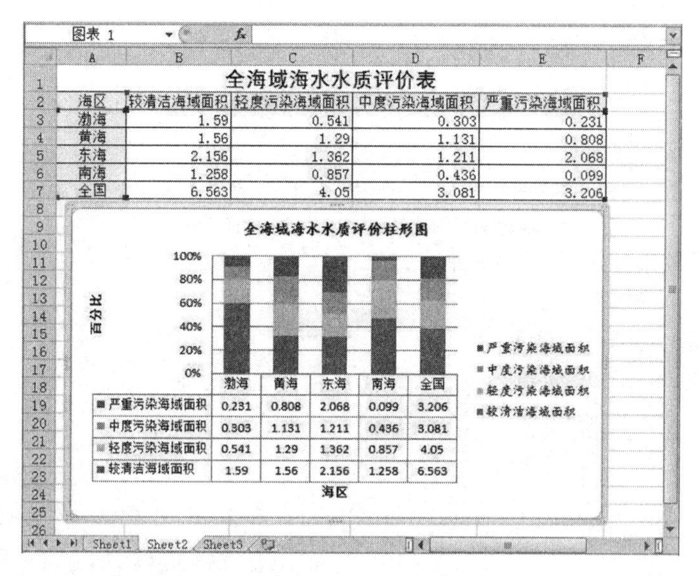

	A	B	C	D	E
1	全海域海水水质评价表				
2	海区	较清洁海域面积	轻度污染海域面积	中度污染海域面积	严重污染海域面积
3	渤海	1.59	0.541	0.303	0.231
4	黄海	1.56	1.29	1.131	0.808
5	东海	2.156	1.362	1.211	2.068
6	南海	1.258	0.857	0.436	0.099
7	全国	6.563	4.05	3.081	3.206

图综合 3-5　编辑后效果图

四、Microsoft PowerPoint 2010 综合操作

练习一　演示文稿的制作

1. 视图的切换

依次完成下面具体操作。

(1)单击 PowerPoint 窗口右下方"视图模式切换"按钮中的"普通视图"按钮，或者选择功能区中的"视图"选项卡中"演示文稿视图"选项组中的"普通视图"按钮，即进入普通视图模式。观察 PowerPoint 窗口的布局。普通视图是一种三合一的视图方式，将幻灯片、大纲和备注页集成到一个视图中。在普通视图的左窗格中有"大纲"选项卡和"幻灯

片”选项卡。分别选择不同的选项卡观察大纲视图和幻灯片视图的布局。

(2)单击 PowerPoint 窗口右下方视图模式切换按钮中的“幻灯片浏览”按钮，或者选择功能区中的“视图”选项卡中“演示文稿视图”选项组中的“幻灯片浏览”按钮，即进入幻灯片浏览视图模式。观察 PowerPoint 窗口的布局。

(3)单击 PowerPoint 窗口右下方视图模式切换按钮中的“阅读视图”按钮，或者选择功能区中的“视图”选项卡中“演示文稿视图”选项组中的“阅读视图”按钮，即进入阅读视图模式。观察 PowerPoint 窗口的布局。单击鼠标左键可退出阅读视图模式。

(4)选择功能区中的“视图”选项卡中“演示文稿视图”选项组中的“备注页”按钮，即进入备注页视图模式。观察 PowerPoint 窗口的布局。

2. 演示文稿的制作

启动 PowerPoint 后依次完成下面具体操作。

(1)制作第一张幻灯片：启动 PowerPoint 后，在功能区中选择“开始”选项卡，在“幻灯片”选项组中选择“版式”，在弹出的下拉菜单中选择“标题幻灯片”版式，如图综合 4-1 所示。单击标题框，输入“自我介绍”；单击副标题框，输入学号和姓名。

(2)制作第二张幻灯片：选择“开始”选项卡中的“新建幻灯片”按钮，或者在普通视图左边窗格中单击鼠标右键，在弹出的下拉菜单中选择“新建幻灯片”命令，即可新建一张幻灯片。幻灯片版式设置为“标题和内容”版式，如图综合 4-2 所示。单击标题框，输入“个人简历”；单击文本框，输入从小学开始的简历。

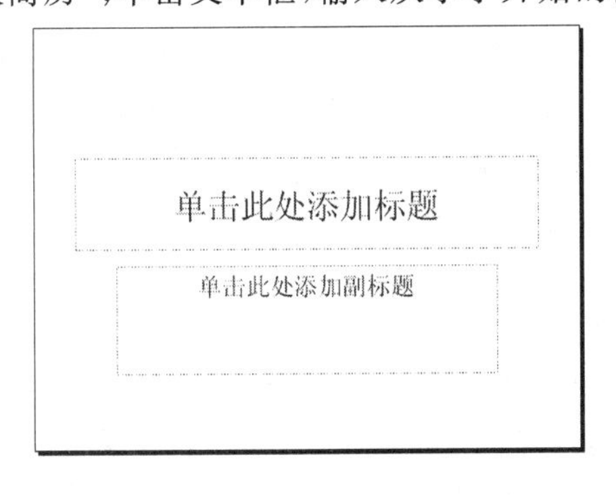

图综合 4-1 “标题幻灯片”版式

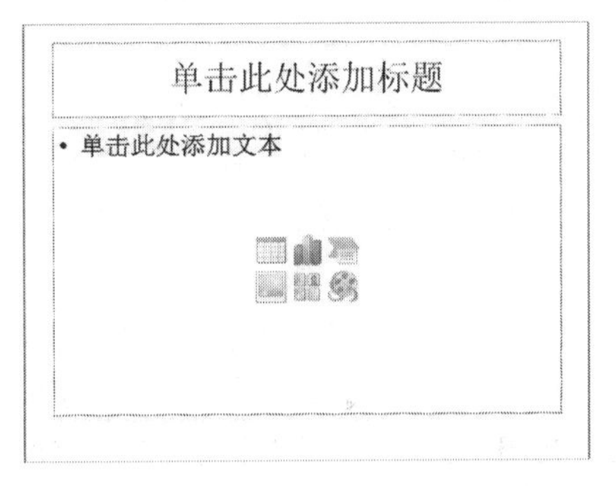

图综合 4-2 “标题和内容”版式

(3)新建第三张幻灯片(操作同上)。设置版式为“两栏内容”，如图综合 4-3 所示。单击标题框，输入“个人爱好和特长”；单击左边文本框，输入你的爱好和特长；在右边文本框中单击剪贴画，弹出“剪贴画”任务窗格，在其中选择喜欢的剪贴画。

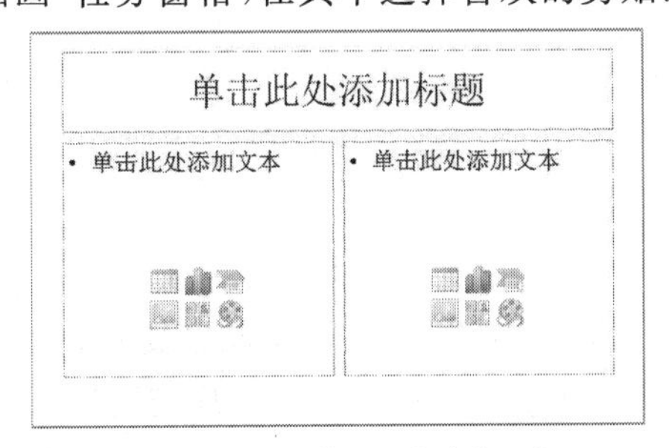

图综合 4-3 “两栏内容”版式

(4)新建第四张幻灯片(操作同上)。设置版式为“两栏内容”如图综合 4-3 所示。在标题框输入“我的家乡”;单击左边文本框,输入家乡介绍;在右边文本框中单击“插入媒体剪辑”,在弹出的“插入视频文件”对话框中选择需要插入的文件。

(5)新建第五张幻灯片(操作同上)。设置为“标题和内容”版式,如图综合 4-2 所示。单击副标题框,输入目前所就读学校的基本情况。

(6)制作第六张幻灯片(操作同上)。设置为“垂直排列标题与文本”版式,如图综合 4-4所示。单击标题框,输入“专业介绍”;单击文本框,输入所就读专业的特点和基本情况。

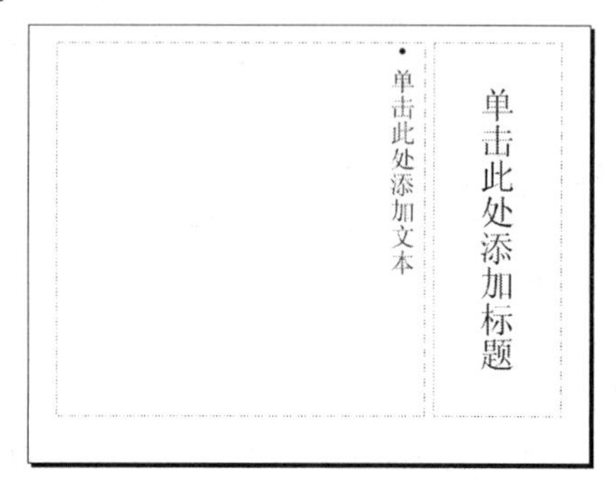

图综合 4-4 “垂直排列标题与文本”版式

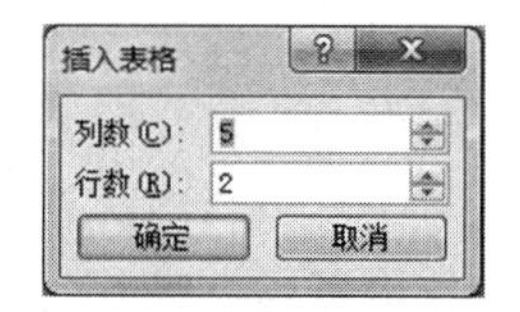

图综合 4-5 “插入表格”对话框

(7)制作第七张幻灯片(操作同上)。设置为“标题和内容”版式(如图综合 4-2 所示)。单击标题框,输入“本学期的课程设置”;在下方的文本框中点击“插入表格”,弹出如图综合 4-5所示“插入表格”对话框,设定表格为 4 行、5 列,单击【确定】按钮,最后填入本学期学习的 4 门课程的课程名称、学时数、学分、授课教师姓名、教室等基本信息。

(8)将该演示文稿以文件名为 P2. pptx 保存并关闭。

3. 演示文稿的编辑

打开 P2. pptx 演示文稿,依次完成下面具体操作。

(1)幻灯片的插入(在第五张幻灯片后,插入第六张包含 SmartArt 图形的幻灯片):单击“视图”选项卡中的“普通视图”按钮,切换到幻灯片视图,在左边窗格中选定第五张幻灯片,单击鼠标右键选择“新建幻灯片”命令即可在第五张幻灯片后插入一张新幻灯片。将其设置为“标题和内容”版式(如图综合 4-2 所示)。在文本占位符中选择“插入 SmartArt 图形”按钮,在弹出的“选择 SmartArt 图形”对话框中选择“层次结构”图,如图综合 4-6所示。单击标题框,输入“学校机构设置”;在层次结构图中根据提示输入你所就读学校的机构设置。

(2)幻灯片的移动(将第四张幻灯片移动到第二张幻灯片):在幻灯片浏览视图,选定第四张幻灯片,按住鼠标左键拖动其到第二张幻灯片位置(注意:拖动时有一个长条的直线就是插入点)。

(3)幻灯片的复制(将第八张幻灯片复制到第五张幻灯片处):在幻灯片浏览视图,选定第八张幻灯片,按住[Ctrl]键的同时拖动鼠标左键将其复制到第五张幻灯片位置。

(4)幻灯片的删除(删除第九张幻灯片):在幻灯片浏览视图,选定第九张幻灯片后,按[Del]键或选择“编辑”菜单中的“删除幻灯片”命令。

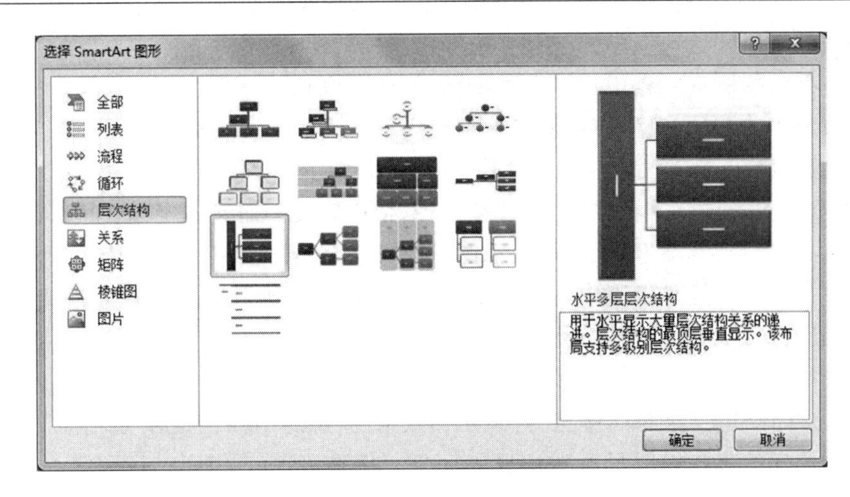

图综合 4-6　“选择 SmartArt 图形”对话框

(5)保存 P2. pptx 演示文稿并关闭。

4. 演示文稿的放映

打开 P2. pptx 演示文稿，选择下面列出的 3 种具体放映方法中的一种来放映演示文稿。

(1)直接单击“视图”选项卡上的“幻灯片放映”按钮。

(2)单击“幻灯片放映”选项卡，可以选择“从头开始”或“从当前幻灯片开始”放映。

(3)直接按[F5]键，显示当前演示文稿中的第一张幻灯片。

当屏幕正在播放幻灯片时，单击一次鼠标左键，将播放下一张幻灯片。

练习二　设置演示文稿的外观及插入对象

1. 设置页眉、页脚

打开 P2. pptx 演示文稿，在幻灯片视图中，依次完成下面具体操作。

(1)选择“插入”选项卡中的“页眉和页脚”命令，打开“页眉和页脚”对话框，在该对话框中选中“幻灯片”标签。

(2)在“幻灯片包含内容”框中选定“日期和时间”(如果左边的小方框中已显示“√”标记，则说明已经被选定；如果左边的小方框中没有显示“√”标记，则单击它，使其左边的小方框显示“√”标记)；然后选定其中的“自动更新”(使其左边的小圆圈中显示一个小圆点)。

(3)在“幻灯片包含内容”框中选定“幻灯片编号”。

(4)在“幻灯片包含内容”框中选定“页脚”，再在其下方的文本框中输入“PowerPoint 制作软件应用实例”。

(5)选定“标题幻灯片中不显示”(使其左边的小方框中显示“√”标记，以便在标题版式的幻灯片中不带有任何页眉和页脚信息)。

(6)单击“全部应用”按钮，以原名保存加了页眉和页脚的演示文稿并关闭。

2. 应用主题

打开 P2. pptx 演示文稿，在幻灯片视图中，依次完成下面具体操作。

(1)选择“设计”选项卡中的“主题”选项组。

(2)在列出的所有主题中选择一种主题,例如“Office 主题”。

(3)放映当前演示文稿后,以原名保存应用了主题的演示文稿并关闭。

3.设置母版

打开 P2.pptx 演示文稿,在幻灯片视图中,依次完成下面具体操作。

(1)选择“视图”选项卡中的“母版视图”选项组,单击“幻灯片母版”按钮。

(2)在显示的幻灯片母版中,将“数字区”编辑框拖动到幻灯片的右上角,“日期区”编辑框拖动到幻灯片的右下角,“页脚区”编辑框拖动到幻灯片的左上角。

(3)选定幻灯片母版的标题区中的文字,选择“开始”选项卡中的“字体”选项组设置标题区字体。字体选定“隶书”,字型为“加粗”,效果为“阴影”,颜色选择“红色”。

(4)用同样的方式设置母版对象区的字体。字体为“楷体-GB2312”,字号为“28”,颜色为“黄色”。

(5)选定幻灯片母版的对象区,选择“开始”选项卡中的“项目符号”按钮,在弹出的菜单中选择“无”(取消文本框中的项目符号)。

(6)用同样的方式设置“标题母版”中标题区及副标题的格式。

(7)单击“视图”选项卡中的“普通视图”按钮。

(8)放映当前演示文稿后,以原名保存设置了母版的演示文稿并关闭。

4.设置背景

打开 P2.pptx 演示文稿,在幻灯视图中,依次完成下面具体操作。

(1)选择“设计”选项卡中的“背景”选项组。

(2)单击“背景样式”按钮的向下箭头,弹出“背景样式”菜单。选择自己所需要的背景样式。

(3)也可以自定义背景样式。在“背景样式”菜单中选择“设置背景格式”命令,弹出“设置背景格式”对话框。在“填充”中选择“渐变填充”,在“预设颜色”中选择“雨后初晴”,单击“隐藏背景图形”(使其左边的小方框中显示“√”标记),再单击“全部应用”按钮。

(4)放映当前演示文稿后,以原名保存设置了背景的演示文稿并关闭。

5.插入剪贴画

打开 P2.pptx 演示文稿,在幻灯片视图中,依次完成下面具体操作。

(1)切换到幻灯片视图中选定第四张幻灯片。

(2)单击“插入”选项卡中的“剪贴画”按钮,此时在窗口右侧弹出“剪贴画”任务窗格。

(3)在搜索文字框中输入“日历”,在搜索结果中选择自己需要的剪贴画。

(4)对插入的剪贴画对象,适当地调整在幻灯片中的大小和位置。

(5)以原名保存插入了剪贴画的演示文稿。

6.插入图片

打开 P2.pptx 演示文稿,在幻灯片视图中,依次完成下面具体操作。

(1)选定第六张幻灯片。

(2)插入学校的图标(方法是:若校园网已建立并连接上,选择学校的图标,通过快捷菜单的“图片另存为…”命令,将图标以扩展名为“.JPG”保存;然后在编辑幻灯片时通过

“插入”|“图片”命令将学校图标插入到当前幻灯片中。若无法获得学校图标,则通过“插入”|“图片”命令随意选择一个图片插入也可)。

(3)将插入的图标或图片调整到适合的位置和大小。

(4)以原名保存插入了图片的演示文稿。

7.插入艺术字

打开 P2.pptx 演示文稿,在幻灯片视图中,依次完成下面具体操作。

(1)选定第八张幻灯片。

(2)插入一张空白幻灯片(方法是:单击鼠标右键选择“新建幻灯片”命令,设定“空白”版式)。

(3)选择“插入”选项卡中的“艺术字”按钮的下拉箭头,选择自己所需要的艺术字样式。

(4)在插入的艺术字文本框中输入文字“谢谢观看”后,单击鼠标左键。

(5)将插入的艺术字对象调整到合适的位置和大小。

(6)在“格式”选项卡的“艺术字样式”选项组中,单击“文本效果”按钮的向下箭头,选择“三位旋转”中的“前透视”效果。

(7)以原名保存插入了艺术字的演示文稿并关闭。

8.插入声音

打开 P2.pptx 演示文稿,在幻灯片视图中,依次完成下面具体操作。

(1)在幻灯片视图下选择第一张幻灯片。

(2)选择“插入”选项卡中的“媒体”选项组。

(3)单击“音频”按钮的向下箭头,选择“剪贴画音频”。在右边的任务窗格中选择“柔和乐”。

(4)对插入的声音对象,适当地调整在幻灯片中的位置。

(5)放映当前演示文稿后,以原名保存插入了声音的演示文稿。

练习三 设置演示文稿的动画和超级链接

1.创建超级链接

打开 P2.pptx 演示文稿,在幻灯片视图中,依次完成下面具体操作。

(1)选定第一张幻灯片。

(2)单击“插入”选项卡中“形状”按钮的向下箭头,在弹出的各组形状中选择“星与旗帜”中的“爆炸形 2”,然后在幻灯片上拖动鼠标插入自选图形,再将自选图形调整到合适的位置和大小;右击自选图形,在弹出的快捷菜单中选择“编辑文字”命令,输入“我的家乡”。

(3)重复(2)步骤,依次插入 6 个自选图形,并在这 6 个自选图形中分别添加文本“个人简历”“爱好与特长”“课程设置”“学校简介”“专业介绍”“结束放映”。

(4)右击“我的家乡”图形,选择快捷菜单中的“超链接”命令,弹出“插入超链接”对话框,单击左边“链接到”列表框中的“本文档中的位置”,在“请选择文档中的位置”列表框中单击“2.我的家乡”后,单击【确定】按钮。

(5)重复(4)步骤,依次将“个人简历”图形超级链接到第三张幻灯片“3.个人简历”;将“爱好与特长”图形超级链接到第四张幻灯片“4.个人爱好与特长”;将“课程设置”图形超级链接到第五张幻灯片“5. 本学期的课程设置”；将“学校简介”图形超级链接到第六张幻灯片“6. 学校简介”；将“专业介绍”图形超级链接到第八张幻灯片“8. 专业介绍”；将“结束放映”图形超级链接到第九张幻灯片“9. 幻灯片 9”。

(6)选定第二张幻灯片，在幻灯片的左下角，添加一个自定义的动作按钮，然后在按钮中添加文本“返回”，并进行动作设置，超级链接到第一张幻灯片(方法是：单击“开始”选项卡中“绘图”选项组的“形状”按钮的向下箭头，在各种图形中选择“动作按钮”中的“自定义”，然后在幻灯片的左下角拖动鼠标插入自定义动作按钮，此时会弹出“动作设置”对话框，选择“单击鼠标”标签，在“单击鼠标时的动作”框中单击“超级链接到”，并在其下拉列表框中，选择“第一张幻灯片”，单击【确定】按钮。再将动作调整到合适的位置和大小，右击动作按钮，在弹出的快捷菜单中选择“编辑文字”命令，输入“返回”，单击鼠标左键即可)。

(7)重复(6)步骤，在第三、四、五、七、八张幻灯片的左下角，分别添加一个动作按钮，并在按钮中添加文本“返回”按钮，并进行动作设置，超级链接到第一张幻灯片。

(8)选定第六张幻灯片，在幻灯片的左下角，添加一个动作按钮▶，并进行动作设置，超级链接到下一张幻灯片(方法是：单击“插入”选项卡中“形状”按钮的向下箭头，在其中选择动作按钮▷，然后在幻灯片的左上角上拖动鼠标插入动作按钮后，弹出“动作设置”对话框，确认“单击鼠标时的动作”将“超级链接到下一张幻灯片”后，单击【确定】按钮)。

(9)利用超级链接方法放映当前演示文稿后，以原名保存演示文稿并关闭。

2. 设置幻灯片内的动画效果

打开 P2. pptx 演示文稿，在幻灯片视图，依次完成下面具体操作。

(1)在第一张幻灯片中选定主标题区，单击“动画”选项卡中“添加动画”按钮的向下箭头，在下拉列表中选择“进入”的动画方式“飞入”，点击“效果选项”按钮的向下箭头，选择动画方向“自左侧”。选择“预览”按钮可以预览设置的动画效果。

(2)在第一张幻灯片中选定副标题区，单击“动画”选项卡中“添加动画”按钮的向下箭头，在下拉列表中选择“进入”的动画方式“擦除”。单击“动画窗格”按钮，可以在窗口右侧弹出“动画窗格”，在其中可以看到每个对象的动画设置情况。在“开始”选择框中选择动画开始方向为“单击时”，持续时间设定为“2 秒”，预览动画效果。

(3)重复(2)步骤，分别设置各个对象的动画效果。

(4)分别选择第二张幻灯片、第三张幻灯片……按上述操作设置幻灯片中各对象的动画效果。

(5)以原名保存设置了幻灯片的动画效果的演示文稿并关闭。

3. 设置幻灯片间的切换效果

打开 P2. pptx 演示文稿，在幻灯片视图，依次完成下面具体操作。

(1)选择“切换”选项卡，在“切换到此幻灯片”选项组中选择“溶解”的切换效果。

(2)“换片方式”选择“单击鼠标时”，持续时间设定为“1 秒”，最后单击“全部应用”按钮。

(3)放映当前演示文稿后，以原名保存演示文稿并关闭。

五、Internet 信息检索

(1)请浏览以下网页。

① http://www.cpcw.com

② http://www.218.193.237.60

③ http://www.jj0792.com/

④ http://jiujiang.jobbaby.com/

⑤ http://www.24en.com

⑥ http://www.people.com.cn/GB/index.htm

(2)写出上面每个网页的内容简介。

(3)请申请一个网上的免费信箱。

(4)请进入信箱,发一封信到地址 xx_dingwei@jju.edu.cn。

主题中要写出学号和姓名,附件中要包含上两次网络实践的手写作业。

(5)请查找网络贺卡的网站,写一份贺卡。

(6)请查看五岳的具体位置,如何可以到达,写出建议。

(7)上述两份材料发送到如下信箱:xx_dingwei@jju.edu.cn。

(8)请将电子信箱中的信件收到本地硬盘上的离线信箱中。

(9)将离线信箱的截图文件发送到下面的信箱:xx_dingwei@jju.edu.cn。

(10)有一份桌面主题"金鸡报晓",软件大小有 6.45 MB,下载地址为 :http://www.cyoo.net/soft/26355.htm,请下载安装并截图用 E-mail 寄来。

(11)找到名为 Adobe Reader 的软件后下载安装,在安装目录下查找 Reader.pdf 文件并阅读内容,通过 E-mail 告诉我们看到了什么。E-mail 地址为:xx_dingwei@jju.edu.cn。

(12)安装 QQ 软件,申请一个免费的 QQ 号。

(13)将 QQ 号 1970860506 加为好友。

(14)将自己的学号、姓名等写成文本文件,通过 QQ 发送给 1970860506,若对方不在线,则发 QQ 短信通知对方。

(15)在九江学院网站下的信息学院中的"我要留言"上,写上内容为"XX 学院 YY 到此一游!",其中 XX 为学院名,YY 为学号。

(16)在寻梦花园论坛上,注册网址为:http://www.xunm.com/reg.asp,用学号后加姓名的声母作为账户名注册。

(17)将网址通过 QQ 发送给 1970860506。

(18)浏览九江学院主页并将其保留到硬盘上。

(19)选择九江学院新闻网页中的一条新闻复制到 Windows 文档文件中。

(20)选择百度新闻网页中的一幅图片复制到硬盘上。

(21)文件的压缩与解压缩是普遍采用的技术,既方便文件的传输又能节省磁盘空间,目前,Internet 上,几乎所有的文件都是以某种格式压缩存放的。WinRAR 或 WinZip 是目前 Windows 下最流行的文件压缩和解压缩工具。在网上查找 10 篇与 WinRAR 或 WinZip 使用有关的文献资料,做成一个 10 幅左右的 PowerPoint 演示片,压缩打包发给 3 位朋友。

第二部分　习　　题

习题一 绪 论

一、选择题

1. 人们习惯上尊称____为现代电子计算机之父。
   A. 巴贝奇　B. 图灵　C. 冯·诺依曼　D. 比尔·盖茨
2. 世界上公认的第一台计算机是在____诞生的。
   A. 1846 年　B. 1864 年　C. 1946 年　D. 1964 年
3. 下列关于世界上第一台电子计算机 ENIAC 的叙述中，____是不正确的。
   A. ENIAC 是 1946 年在美国诞生的
   B. 它主要采用电子管和继电器
   C. 它首次采用存储程序和程序控制使计算机自动工作
   D. 它主要用于弹道计算
4. 第四代计算机主要采用____作为逻辑开关元件。
   A. 电子管　B. 晶体管
   C. 中小规模集成电路　D. 大规模、超大规模集成电路
5. 计算机之所以能按人们的意志自动进行工作，最直接的原因是因为采用____。
   A. 二进制数制　B. 调整电子元件
   C. 存储程序控制　D. 程序设计语言
6. 按计算机应用分类，目前各部门广泛使用的人事档案管理属于____。
   A. 实时控制　B. 科学计算　C. 计算机辅助工程　D. 数据处理
7. 计算机辅助制造的英文缩写是____。
   A. CAT　B. CAM　C. CAE　D. CAD
8. 2008 年 9 月 25 日晚 9 时 10 分许，中国自行研制的第三艘载人飞船神舟七号，在酒泉卫星发射中心载人航天发射场由“长征二号 F”运载火箭发射升空。飞船的整个发射过程由计算机监控，计算机在其中的作用是____。
   A. 科学计算　B. 数据处理　C. 人工智能　D. 过程控制
9. 在计算机内部，数据是以____形式加工、处理和传送的。
   A. 二进制码　B. 八进制码　C. 十进制码　D. 十六进制码
10. 十进制整数转换成二进制数的方法是____。
    A. 乘 2 取整法　B. 除 2 取整法　C. 乘 2 取余法　D. 除 2 取余法
11. 十进制数 269 转换成十六进制数是____。
    A. 10B　B. 10C　C. 10D　D. 10E
12. 下列一组数中，最小的数是____。

A. $(2B)_{16}$　B. $(44)_{10}$　C. $(52)_8$　D. $(101001)_2$

13. 如果在一个非零无符号的二进制整数之后添加一个0，则此数的值为原来的____。

A. 4倍　B. 2倍　C. 0.5倍　D. 0.25倍

14. 一个字长为8位的无符号二进制整数能表示的十进制数值范围是____。

A. 0～256　B. 0～255　C. 1～256　D. 1～255

15. 在计算机中，字节的英文名称是____。

A. bit　B. byte　C. bou　D. baud

16. 计算机中用来表示存储器容量大小的最基本单位是____。

A. 位　B. 字　C. 字节　D. 兆

17. KB是度量存储容量大小的常用单位之一，1 KB实际等于____。

A. 1000个字节　B. 1024个字节

C. 1000个二进制位　D. 1024个字

18. 在计算机中表示存储器容量时，下列描述正确的是____。

A. 1 kB=1024 bit　B. 1 MB=1024 kB

C. 1 kB=1000 B　D. 1 MB=1024 B

19. 在计算机中，应用最普遍的字符编码是____。

A. BCD码　B. 汉字编码　C. 计算机码　D. ASCII码

20. 下列字符中，ASCII码值最小的是____。

A. A　B. a　C. k　D. M

21. 显示或打印汉字时，系统使用的是汉字的____。

A. 机内码　B. 字形码　C. 输入码　D. 国标交换码

22. 汉字交换码又称____。

A. 输入码　B. 机内码　C. 国标码　D. 输出码

23. 汉字在计算机内的表示方法一定是____。

A. 国标码　B. 机内码

C. 最左位置为1的2字节代码　D. ASCII码

24. 一个汉字的交换码和一个汉字的内码所占用的字节数均是____。

A. 1　B. 8　C. 32　D. 2

25. 一个汉字的内码占____字节。

A. 1　B. 2　C. 32　D. 不能确定

26. 汉字国标码在两个字节中各占用____位二进制编码。

A. 6　B. 7　C. 8　D. 9

27. 一般情况下，1 kB内存最多能存储____个ASCII码字符，或____个汉字内码。

A. 1024，1024　B. 1024，512

C. 512，512　D. 512，1024

28. 一个GB2321-80编码字符集的汉字的机内码长度是____。

A. 32位　B. 24位　C. 16位　D. 8位

29. 国标GB2312-80将常用汉字进行分级，分为____。

A. 一级汉字和二级汉字　　B. 简体字和繁体字
C. 常用字、次常用字和罕见字　　D. 一级、二级和三级汉字

30. 根据国标 GB2321-80 的规定,总计有各类符号和一、二级汉字编码____。
A. 7145 个　B. 7445 个　C. 3008 个　D. 3755 个

31. 根据汉字国标码 GB2312-80 的规定,把汉字分为常用汉字和次常用汉字两级,次常用汉字的排列次序是按____。
A. 偏旁部首　B. 汉语拼音字母　C. 笔画多少　D. 使用频率多少

32. 国标 GB2312-80 将常用汉字分为两级,一级汉字有____个。
A. 5832　B. 3723　C. 3755　D. 2831

33. 国标 GB2312-80 将常用汉字分为两级,二级汉字有____个。
A. 3755　B. 3008　C. 3080　D. 3800

34. 根据汉字国标码 GB2312-80 的规定,一级汉字的排列次序是按____。
A. 偏旁部首　B. 汉字拼音字母　C. 笔画多少　D. 使用频率多少

35. 存储 400 个 24×24 点阵汉字字形所需的存储容量是____。
A. 255 kB　B. 75 kB　C. 37.5 kB　D. 28.125 kB

36. 一个用 48×48 点阵表示一个汉字的字形,所占的字节数是一个用 24×24 点阵汉字字形所需的存储容量的____倍。
A. 1　B. 2　C. 4　D. 8

37. 五笔字形码输入法属于____。
A. 音码输入法　　B. 形码输入法
C. 音形结合的输入法　　D. 输出码

38. 切换汉字输入法常用的键盘命令是____。
A. [Shift]+空格　　B. [Ctrl]+[Shift]
C. [Ctrl]+空格　　D. [Enter]+[Shift]

39. “全角”和“半角”的主要区别是____。
A. 全角方式下输入的英文字母与汉字输入时同样大小,半角方式下为汉字的一半大
B. 全角方式下不能输入英文字母,半角方式下不能输入汉字
C. 全角方式下只能输入汉字,半角方式下只能输入英文字母
D. 半角方式下输入的汉字是全角方式下输入汉字的一半大

40. 键盘上的[Ctrl]键,通常它____其他键配合使用。
A. 总是与　　B. 不需要
C. 有时与　　D. 和[Alt]键一起使用

41. [Pause]键是____。
A. 屏幕打印键　　B. 插入键
C. 暂停键　　D. 换档键

42. ____是大写字母锁定键,主要用于连续输入若干个大写字母。
A. [Tab]　B. [Ctrl]　C. [Alt]　D. [Caps Lock]

43. 键盘上的[F1],[F2]键是____。

A. 热键　B. 打字键　C. 功能键　D. 数字键

44. ____键一般用于表示一条命令或参数输入的结束。

A. [End]　B. [Num Lock]　C. [Enter]　D. [Esc]

45. 微型计算机键盘上的[Shift]键称为____。

A. 回车换行键　B. 退格键

C. 换档键　D. 空格键

二、简述题

1. 谈谈你对冯·诺依曼“存储程序和程序控制”原理的理解。

2. 简述计算机的发展趋势。

习题二　计算机系统

一、选择题

1. 一台完整的微型计算机系统是由____、存储器、输入和输出设备等部件组成。
   A. 硬盘　B. 软件
   C. 键盘　D. 运算及控制单元
2. 微机的处理器简称为____。
   A. 显示器　B. 外存　C. CPU　D. 键盘
3. 以 24×24 点阵表示一个汉字的字形，共需要____字节。
   A. 24×24　B. 24×1　C. 24×2　D. 24×3
4. RAM 的含义是____。
   A. 只读存储器　B. 外存储器　C. 内存储器　D. 随机存储器
5. 通常说的 I/O 设备是指____。
   A. 通信设备　B. 输入输出设备
   C. 网络设备　D. 控制设备
6. 一个汉字的内码占____字节。
   A. 1　B. 32　C. 2　D. 不确定
7. ROM 是____。
   A. 软盘存储器　B. 硬盘存储器
   C. 随机存储器　D. 只读存储器
8. 下面____存储器在关机后，它的存储内容会丢失？
   A. RAM　B. ROM　C. EPROM　D. PROM
9. CPU 包括____。
   A. 控制器、运算器和存储器　B. 控制器和运算器
   C. 内存储器和控制器　D. 内存储器和运算器
10. 下列指标中不能用来衡量计算机性能的是____。
    A. 字长　B. 主频　C. 存储容量　D. 操作系统性能
11. 计算机向使用者传递计算处理结果的设备称为____。
    A. 输入设备　B. 输出设备　C. 存储器　D. 运算器
12. 微型计算机发展的特征是____。
    A. 主机　B. 处理器　C. 控制器　D. 操作系统
13. 应用软件是指____。
    A. 所有能够使用的软件
    B. 能够被各个应用单位共同使用的某种软件

C. 所有微机上都应使用的基本软件

D. 专门为某一应用目标编写的软件

14. 下列软件属于操作系统的是____。

A. CAD B. Excel C. UNIX D. Word

15. 一个完整的计算机系统包括____。

A. 主机、键盘和显示器 B. 主机和外围设备

C. 硬件系统和软件系统 D. 主板、CPU 和硬盘

16. 目前常用的打印机有针式打印机、____和激光打印机。

A. 击打式打印机 B. 复印式打印机

C. 喷墨打印机 D. 彩色打印机

17. CPU 的中文意义是____。

A. 计算机系统 B. 不间断电源

C. 控制逻辑单元 D. 中央处理单元

18. 显示器的点距有 0.35,0.33,0.28,0.25 等规格,最好的是____。

A. 0.35 B. 0.33 C. 0.28 D. 0.25

19. 可编程随机读写存储器的英文缩写为____。

A. PRAM B. ROM C. EPROM D. RAM

20. 内存中每个基本单元都被赋予一个唯一的序号,称为____。

A. 容量 B. 地址 C. 字节 D. 编号

21. 下列设备属于输入设备的是____。

A. 显示器 B. 打印机 C. 鼠标 D. 绘图仪

22. 从磁盘上把数据传回计算机,称为____。

A. 输入 B. 输出 C. 读盘 D. 写盘

23. 一般情况下,外存储器中存储的数据在断电后____丢失。

A. 不会 B. 少量 C. 完全 D. 不确定

24. 汇编程序实质上是符号化的____。

A. 高级语言 B. 低级语言

C. 机器语言 D. 第三代语言

25. CPU 可以直接访问的存储器是____。

A. 硬盘 B. 内存 C. 光盘 D. 软盘

26. 为解决某一特定问题而设计的指令序列称为____。

A. 文档 B. 语言 C. 系统 D. 程序

27. 通常所说的 64 位机,指的是这种计算机的 CPU ____。

A. 是由 64 个运算器组成 B. 能够同时处理 64 位二进制数

C. 包括 64 个寄存器 D. 这种计算机 CPU 的主频是 64MB

28. 计算机能直接识别的语言是____。

A. 机器语言 B. 汇编语言 C. 高级语言 D. C 语言

29. 下列有关存储器读写速度的排列,正确的是____。

A. RAM＞Cache＞硬盘＞闪存　　B. Cache＞RAM＞硬盘＞闪存
C. Cache＞硬盘＞RAM＞闪存　　D. RAM＞硬盘＞Cache＞闪存

30. 下列不属于高级语言的是____。
A. Visual foxPro　B. Java　C. C 语言　D. 汇编语言

31. 配置高速缓冲存储器(Cache)是为了解决____。
A. 内存与辅助存储器之间速度不匹配问题
B. CPU 与辅助存储器之间速度不匹配问题
C. CPU 与内存储器之间速度不匹配问题
D. 主机与外设之间速度不匹配问题

32. 目前通常说的 486，Pentium Ⅱ，Pentium Ⅲ 等计算机，它们是针对该机的____而言的。
A. CPU 的速度　B. 内存容量　C. CPU 的型号　D. 总线标准类型

33. 我国自行研制的曙光计算机属于____。
A. 大型计算机　B. 小型计算机　C. 巨型计算机　D. 微型计算机

34. 办公自动化是计算机的一项应用，按计算机应用的分类，它属于____。
A. 科学计算　B. 实时控制　C. 数据处理　D. 辅助设计

35. 微型计算机中内存储器比外存储器____。
A. 读写速度快　　B. 存储容量大
C. 运算速度慢　　D. 以上三种都可以

36. 微型计算机使用的键盘上的[Ctrl]键称为____。
A. 控制键　B. 上档键　C. 退格键　D. 交替换档键

37. 微型计算机使用的键盘上的[Backspace]键称为____。
A. 控制键　B. 上档键　C. 退格键　D. 交替换档键

38. 在多媒体计算机系统中，不能用以存储多媒体信息的是____。
A. 磁带　B. 光缆　C. 磁盘　D. 光盘

39. 下列叙述中，错误的是____。
A. 把数据从内存传输到硬盘叫写盘
B. 把源程序转换为目标程序的过程叫编译
C. 应用软件对操作系统没有任何要求
D. 计算机内部对数据的传输、存储和处理都使用二进制

40. 裸机是指计算机____。
A. 无产品质量保证书　　B. 只有软件没有硬件
C. 没有包装　　D. 只有硬件没有软件

41. 目前广泛使用的数据库管理系统，如 SQL Server 等，按照计算机软件分类应属于____。
A. 系统软件　B. 应用软件　C. 操作系统　D. 高级语言

42. 微机上操作系统的作用是____。
A. 解释执行源程序　　B. 编译源程序

C. 进行编码转换　D. 控制和管理系统资源

43. 下面关于显示器的说法中正确的是____。

A. 分辨率越高,显示的图形越清晰

B. 分辨率越高,显示的图形色彩越丰富

C. 分辨率越高,显示器的点距越大

D. 分辨率越高,显示器的图像抖动情况越小

44. I/O 设备指的是____。

A. 输入/输出设备　B. 通信设备　C. 网络设备　D. 控制设备

45. 存储器中,存取速度最快的是____。

A. CD-ROM　B. 内存储器　C. 软盘　D. 硬盘

46. ____是计算机内存储器的一部分,CPU 对其只取不存。

A. RAM　B. Cache　C. ROM　D. 磁盘

47. 操作系统是____的接口。

A. 软件和硬件　B. 计算机和外设

C. 用户和计算机　D. 高级语言和机器语言

48. 在当前使用的打印机中,印刷质量最好,分辨率最高的是____。

A. 行式打印机　B. 点阵打印机

C. 喷墨打印机　D. 激光打印机

49. 下列诸多因素中,对微型计算机工作影响最小的是____。

A. 尘土　B. 噪声　C. 温度　D. 湿度

50. 下列 4 种软件中属于应用软件的是____。

A. BASIC 解释程序　B. UCDOS 系统

C. 财务管理系统　D. PASCAL 编译程序

二、填空题

1. 计算机一次能处理的二进制位数称为__________。
2. Cache 也称为__________。
3. 高级语言的翻译有两种方式:__________和__________。
4. 一条计算机指令至少包括__________和__________两部分。
5. 计算机软件分为__________和__________。
6. CPU 只能从__________中读取数据。
7. 一台主机由__________和__________组成。
8. MIPS 是用来衡量计算机__________部件性能的,其意思是__________。
9. 计算机的工作原理是__________。
10. 存储 400 个 16×16 点阵汉字字形所需的存储容量是__________ kB。

三、简述题

1. 简述计算机的5大部件有哪些,并说出各部件的功能和作用?
2. 衡量微型计算机性能的指标通常有哪些?

习题三　操作系统及其使用

一、选择题

1. 操作系统是____的接口。
   A. 用户与软件　　B. 系统软件与应用软件
   C. 主机与外设　　D. 用户与计算机
2. 操作系统功能主要是管理计算机的所有资源。一般认为操作系统对以下____方面进行管理。
   A. 处理器、存储器、控制器、输入输出
   B. 处理器、存储器、输入输出和数据
   C. 处理器、存储器、输入输出和过程
   D. 处理器、存储器、输入输出和计算机文件
3. Windows 操作时应____。
   A. 先选择操作对象，再选择操作项
   B. 先选择操作项，再选择操作对象
   C. 同时选择操作项和操作对象
   D. 需将操作项拖到操作对象上
4. Windows 7 中采用____结构来组织和管理文件。
   A. 线型　　B. 星型　　C. 树型　　D. 网型
5. 设有文本文件 readme 存放在 C 盘 file 文件夹下，则它的带路径文件名为____。
   A. C:\readme/file.exe　　B. C:/file/readme score.txt
   C. C:\readme\file.exe　　D. C:\file\readme.txt
6. Windows 7 中用来进行“复制”的快捷键是____。
   A. [Ctrl]+[A]　　B. [Ctrl]+[C]　　C. [Ctrl]+[V]　　D. [Ctrl]+[X]
7. Windows 7 中用来进行“粘贴”的快捷键是____。
   A. [Ctrl]+[A]　　B. [Ctrl]+[C]　　C. [Ctrl]+[V]　　D. [Ctrl]+[X]
8. 在以下 4 个字符中，____不能作为一个文件的文件名的组成部分。
   A. A　　B. *　　C. $　　D. 8
9. Windows 7 是一种____软件。
   A. 信息管理　　B. 实时控制　　C. 文字处理　　D. 系统
10. Windows 7 是一个可同时运行多个程序的操作系统，当多个程序被依次启动运行时，屏幕上显示的是____。
    A. 最初一个程序窗口　　B. 最后一个程序窗口
    C. 系统的当前窗口　　D. 多窗口叠加

11. 在 Windows 7 中,“桌面”指的是____。

A. 整个屏幕　B. 全部窗口　C. 某个窗口　D. 活动窗口

12. 在 Windows 7 的“开始”菜单中,如果菜单项后面有“▶”符号,则表示____。

A. 该菜单不能操作　B. 选用该菜单会出现对话框

C. 该菜单有级联菜单　D. 可用组合键来执行此菜单命令

13. 以下有关 Windows 7 的说法中正确的是____。

A. 双击任务栏上的日期/时间显示区,可调整机器默认的日期或时间

B. 如果鼠标坏了,将无法正常退出 Windows

C. 如果鼠标坏了,就无法选中桌面上的图标

D. 任务栏只能位于屏幕的底部

14. 以下有关 Windows 7 的说法中正确的是____。

A. 正确的关机顺序是:退出应用程序,回到 Windows 桌面,直接关闭电源

B. 系统默认情况下,右击 Windows 桌面上的图标,即可运行某个应用程序

C. 若要重新排列图标,应首先双击鼠标左键

D. 选中图标,再单击其下的文字,可修改其内容

15. 在 Windows 7 中,关于开始菜单叙述不正确的一条是____。

A. 单击开始按钮可以启动开始菜单

B. 在任务栏和开始菜单属性窗口中可以选择开始菜单的样式

C. 可以在开始菜单中增加菜单项,但不能删除菜单项

D. 用户想做的任何事情都可以从开始菜单开始

16. 在 Windows 7 的资源管理器中,不能对文件或文件夹进行更名操作的是____。

A. 单击“文件”菜单中的“重命名”命令

B. 右键单击要更名的文件或文件夹,选择快捷菜单中的“重命名”菜单命令

C. 快速双击要更名的文件或文件夹

D. 第一次单击选中文件,再在文件名处单击,键入新名字

17. 不属于 Windows 7 的任务栏组成部分的是____。

A. 开始按钮　B. 应用程序任务按钮

C. 任务栏指示器　D. 最大化窗口按钮

18. 如果一个窗口被最小化,则该窗口____。

A. 被暂停执行　B. 被转入后台执行

C. 仍在前台执行　D. 不能执行

19. 在 Windows 7 的“开始”菜单里的项目及其所包含的子项____。

A. 是固定的　B. 是不能删减的

C. 只能在安装系统时产生　D. 某些项目中的内容可以由用户自定义

20. 操作窗口内的滚动条可以____。

A. 滚动显示窗口内菜单项　B. 滚动显示窗口内信息

C. 滚动显示窗口的状态栏信息　D. 改变窗口在桌面上的位置

21. 不合法的 Windows 7 文件夹名是____。

A. x+y　　B. x-y　　C. x * y　　D. x÷y

22. 通常鼠标只需要用两个键就能完成对 Windows 7 的基本操作，这两个键分别是____。

A. 左键和中键　　B. 左键和右键　　C. 右键和中键　　D. 滑动轮和左键

23. 对于右手习惯的人要选取一个对象，鼠标的基本动作是____。

A. 右键单击　　B. 左键单击　　C. 左键双击　　D. 以上皆不正确

24. Windows 7 中，“开始”菜单一般位于屏幕的____。

A. 右下角　　B. 左下角　　C. 左上角　　D. 右上角

25. 控制面板可以在____中找到。

A. 我的文档　　B. “开始”菜单

C. 网上邻居　　D. 帮助和支持

26. 用户若要打开在桌面和开始菜单中找不到的程序，可以在____中打开。

A. 帮助　　B. 关机　　C. 文档　　D. 运行

27. 在窗口中标题栏位于窗口的____。

A. 顶端　　B. 底端　　C. 两侧　　D. 中间

28. 在资源管理器窗口中菜单栏位于窗口的____。

A. 标题栏上方　　B. 标题栏下方　　C. 工具栏下方　　D. 状态栏下方

29. 在资源管理器窗口中工具栏位于窗口的____。

A. 菜单栏下方　　B. 菜单栏上方　　C. 状态栏下方　　D. 标题栏上方

30. 在资源管理器窗口中状态栏位于窗口的____。

A. 顶端　　B. 底端　　C. 两侧　　D. 中间

31. 滚动条可分为____滚动条。

A. 横、竖　　B. 垂直、水平　　C. 上、下　　D. 左、右

32. ____不是 Windows 对话框中常见的元素。

A. 选项卡　　B. 编辑框　　C. 单选按钮　　D. 复选卡

33. 在 Windows 7 中，为了重新排列桌面上的图标，首先应进行的操作是____。

A. 用鼠标右键单击桌面空白处

B. 用鼠标右键单击“任务栏”空白处

C. 用鼠标右键单击已打开窗口的空白处

D. 用鼠标右键单击【开始】按钮

34. 在 Windows 7 中记事本生成的文本文件，默认的扩展名是____。

A. TXT　　B. DOC　　C. XSL　　D. WPS

35. 在资源管理器中，选定多个连续文件的方法是____。

A. 单击第一个文件，然后鼠标指向最后一个文件名，按住[Shift]键同时单击

B. 单击第一个文件，然后鼠标指向最后一个文件名，按住[Ctrl]键同时单击

C. 单击第一个文件，然后鼠标指向最后一个文件名，按住[Tab]键同时单击

D. 单击第一个文件，然后鼠标指向最后一个文件名，按住[Alt]键同时单击

36. 在资源管理器中文件夹左侧带“＋”表示____。
A. 这个文件夹已经展开了
B. 这个文件夹受密码保护
C. 这个文件夹是隐含文件夹
D. 这个文件夹下还有子文件夹且未展开
37. 切换中英文输入法的快捷键是____。
A. [Ctrl]＋[Space]
B. [Alt]＋[Space]
C. [Shift]＋[Space]
D. [Tab]＋[Space]
38. 在资源管理器中要执行全部选定命令可以利用组合键____。
A. [Ctrl]＋[S] B. [Ctrl]＋[V] C. [Ctrl]＋[A] D. [Ctrl]＋[C]
39. 在 Windows 7 中，打开“资源管理器”窗口后，要改变文件或文件夹的显示方式，应选用____。
A. “文件”菜单 B. “编辑”菜单 C. “工具”菜单 D. “帮助”菜单
40. 控制面板的作用是____。
A. 控制所有程序的执行
B. 设置开始菜单
C. 对系统进行有关的设置
D. 设置硬件接口
41. 在资源管理器中，只查看当前目录下的所有文本文件时，为了查看方便可选择____命令把同类型的文件集中在一起显示出来。
A. 按名字排序
B. 按类型排序
C. 按大小排序
D. 按日期排序
42. 在 Windows 7 的“资源管理器”窗口中，如果单击左窗口中的文件夹图标，则____。
A. 在左窗口中扩展该文件夹
B. 在右窗口中显示文件夹中的子文件夹和文件
C. 在左窗口中显示文件夹中的子文件夹和文件
D. 在右窗口中显示该文件夹中的文件
43. 在 Windows 7 的“资源管理器”窗口中，其左边窗口中默认显示的是____。
A. 当前打开的文件夹的内容
B. 系统的文件夹树
C. 当前打开的文件夹名称及其内容
D. 当前打开的文件夹名称
44. 下列说法中错误的是____。
A. 在文件夹窗口中，按住鼠标左键拖动鼠标，可以出现一个虚线框，松开鼠标后将选中虚线框中的所有的文件
B. 按住[Ctrl]键，单击一个选中的项目即可取消选定
C. 单击第一项，按住[Ctrl]键，然后再单击最后一个要选定的项，即可以选中多个连续的文件
D. 选择“编辑”菜单中的“反向选择”命令，将选定文件夹中除已选定的文件
45. 在 Windows 环境中，指定活动窗口的最佳方法是____。
A. 用鼠标单击该窗口内任意位置
B. 反复按[Ctrl]＋[Tab]键

C. 把其他窗口都关闭，只留下一个窗口

D. 把其他窗口都最小化，只留下一个窗口

46. 当桌面上有多个窗口时，这些窗口____。

A. 只能重叠

B. 只能平铺

C. 既能重叠，也能平铺

D. 系统自动设置其平铺或重叠，用户无法改变

47. 在 Windows 中一般打开一个文档就能同时打开相应的应用程序，因为____。

A. 文档就是应用程序　　B. 必须通过这个方法来打开应用程序

C. 文档与应用程序进行了关联　　D. 文档是应用程序的附属

48. 要在不同驱动器间移动文件夹，须在鼠标选中并拖拽至目标位置的同时按下____键。

A. [Ctrl]　　B. [Alt]　　C. [Shift]　　D. [Caps Lock]

49. 要删除文件夹，在鼠标选定后可以按____键。

A. [Ctrl]　　B. [Delete]　　C. [Insert]　　D. [Home]

50. 要永久删除一个文件可以按____键。

A. [Ctrl]+[End]　　B. [Ctrl]+[Delete]

C. [Shift]+[Delete]　　D. [Alt]+[Delete]

51. 要搜索 salary1. txt，salary2. doc 和 salary3. xls 等 3 个文件，可使用带通配符的文件名为____。

A. salary?. *　　B. salary?　　C. * salary　　D. salary * . ?

52. 在 Windows 7 提供的搜索功能中不包含____搜索功能。

A. 按文件名　　B. 按文件类型　　C. 按文件作者　　D. 按修改时间

53. 在附件中不能找到____。

A. 画图　　B. 写字板　　C. 记事本　　D. 控制面板

54. Windows 操作系统的特点包括____。

A. 图形界面　　B. 多任务　　C. 即插即用　　D. 以上都对

55. 在 Windows 7 中，按[PrintScreen]键，则使整个桌面显示的内容____。

A. 打印到打印纸上　　B. 打印到指定文件

C. 复制到指定文件　　D. 复制到剪贴板

56. 对快捷方式理解正确的是____。

A. 删除快捷方式等于删除文件

B. 建立快捷方式可以减少打开文件夹、找文件夹的麻烦

C. 快捷方式不能被删除

D. 打印机不可建立快捷方式

57. 要隐藏任务栏可以在____进行相关设置。

A. 任务栏　　B. 资源管理器　　C. 控制面板　　D. 计算机

58. 要设置桌面墙纸，我们可以在控制面板的____中进行设置。

A. 系统和安全　　B. 硬件和声音　　C. 程序　　D. 外观

59. 在 Windows 7 窗口中，选中末尾带有省略号(…)的菜单则____。

A. 将弹出下一级菜单　　B. 将执行该菜单命令

C. 表明该菜单项已被选中　　D. 将弹出一个对话框

60. 要删除一个文件或文件夹，下列操作中错误的是____。

A. 选定要删除的文件或文件夹，选择“组织”→“删除”命令

B. 选定要删除的文件或文件夹，单击鼠标左键弹出快捷菜单，选择其中的“删除”命令。

C. 选定要删除的文件或文件夹，直接按键盘上的[Del]键

D. 直接将文件或文件夹拖至回收站里

61. 按组合键____能弹出 Windows 任务管理器。

A. [Ctrl]+[Alt]　　B. [Alt]+[Del]

C. [Ctrl]+[Del]　　D. [Ctrl]+[Alt]+[Del]

62. 只有____才能激活来宾账户。

A. 管理员　　B. 受限用户　　C. 高级用户　　D. 来宾

63. 在 Windows 7 默认环境下，不能实现文件搜索的操作是____。

A. 打开“计算机”，在窗口右上方的搜索栏中搜索

B. 在“资源管理器”窗口的搜索栏中搜索

C. 用鼠标右键单击【开始】按钮，然后在弹出的菜单中选择“搜索”命令

D. 用鼠标右键单击桌面，然后在弹出的菜单中选择“搜索”命令

64. 在 Windows 7 中，如果进行了多次剪切或复制操作，则剪贴板中的内容是____。

A. 第一次剪切或复制的内容　　B. 最后一次剪切或复制的内容

C. 所有剪切或复制的内容　　D. 什么都没有

65. 能正常退出 Windows 7 的操作是____。

A. 在任何时刻直接关掉计算机的电源

B. 单击“开始”菜单中的“关机”按钮，并进行人机对话

C. 在没有运行任何应用程序的情况下关掉计算机的电源

D. 在没有运行任何应用程序的情况下按[Ctrl]+[Alt]+[Del]组合键

66. 在 Windows 7 中，窗口的最上方为“标题栏”，将鼠标光标指向该处，在窗口不是最大化情况下，“拖放”标题栏，则可以____。

A. 变动窗口上缘，从而改变窗口大小　　B. 移动该窗口

C. 放大窗口　　D. 缩小该窗口

67. 在 Windows 7 中，剪切板是用来传递信息的临时存储区，此存储区是____。

A. 回收站的一部分　　B. 硬盘的一部分

C. 内存的一部分　　D. 软盘的一部分

68. 资源管理器的管理对象是____。

A. 文件和文件夹　　B. 目录和系统

C. 目录和磁盘　　D. 系统文件

69. 下面关于快捷菜单的描述中，____是不正确的。

A. 快捷菜单可以显示与某一对象相关的命令菜单

B. 选定需要操作的对象，单击左键，屏幕上就会弹出快捷菜单

C. 选定需要操作的对象，单击右键，屏幕上就会弹出快捷菜单

D. 按 ESC 键或单击桌面或窗口上的任一空白区域，都可以退出快捷菜单

70. Windows 7 可对文件和文件夹进行管理的工具是____。

A. 资源管理器　B. 网络　C. Internet Explorer　D. 回收站

71. 下列操作不能关闭窗口的是____。

A. 用鼠标左键双击控制菜单按钮

B. 按键盘上的[ESC]键

C. 用鼠标左键单击窗口右上角的标有叉形的按钮

D. 选择控制菜单中的“关闭”选项

72. 在 Windows 7 环境下，通常将整个显示屏称为____。

A. 窗口　B. 桌面

C. 对话框　D. 资源管理器

73. 当一个窗口已经最大化时，下列叙述中错误的是____。

A. 该窗口可以被关闭　B. 该窗口可以移动

C. 该窗口可以最小化　D. 该窗口可以还原

74. 将运行中的应用程序窗口最小化以后，则应用程序____。

A. 还在继续运行　B. 停止运行

C. 被删除掉了　D. 出错

75. 为了实现全角与半角之间的切换，应按的键是____。

A. [Shift]+空格　B. [Ctrl]+空格

C. [Shift]+[Ctrl]　D. [Ctrl]+[F13]

76. Windows 7 默认环境中，不能运行应用程序的操作是____。

A. 用鼠标左键双击应用程序的快捷方式

B. 用鼠标左键双击应用程序的图标

C. 用鼠标右键单击应用程序的图标，在弹出的快捷菜单中选择“打开”命令

D. 用鼠标右键单击应用程序的图标，然后按[Enter]键

77. 对话框外形和窗口差不多，____。

A. 也有菜单栏　B. 也有标题栏

C. 也有最大化和最小化按钮　D. 也允许用户改变其大小

78. 在资源管理器中，选定多个不连续文件的方法是____。

A. 单击第一个文件，然后按住[Shift]键同时单击要选的其他文件

B. 单击第一个文件，然后按住[Ctrl]键同时单击要选的其他文件

C. 单击第一个文件，然后按住[Tab]键同时单击要选的其他文件

D. 单击第一个文件，然后按住[Alt]键同时单击要选的其他文件

79. 在“资源管理器”窗口右部，若已单击了第一个文件，再按住[Ctrl]键，并单击第五个文件，则____。

A. 有 0 个文件被选中　B. 有 5 个文件被选中

C. 有1个文件被选中　　D. 有2个文件被选中

80. 下列文件名中，合法的是____。

A. My.PROG　　B. A\B\C

C. TEXT*.TXT　　D. A/S.DOC

81. 要卸载一种中文输入法，可在____中进行。

A. 控制面板　　B. 资源管理器

C. 文字处理程序　　D. 计算机

82. 在Windows环境下，若要把整个桌面的图像复制到剪贴板，可用____。

A. [Print Screen]键　　B. [Alt]+[Print Screen]键

C. [Ctrl]+[Print Screen]键　　D. [Shift]+[Print Screen]键

83. 在资源管理器的左窗格中，单击某个文件夹图标左边的加号(+)后，则________。

A. 左窗格显示的该文件夹的下级文件夹消失

B. 该文件夹的下级文件夹显示在右窗格

C. 该文件夹的下级文件夹显示在左窗格

D. 右窗格显示的该文件夹的下级文件夹消失

84. 在Windows 7下，由汉字输入状态快速进入英文输入状态，可以用____。

A. [Shift]键+空格键　　B. [Enter]键+空格键

C. [Alt]键+空格键　　D. [Ctrl]键+空格键

85. 在Windows环境下，要在计算机中已安装的各种输入法之间快速切换，可以按____。

A. [Shift]键+空格键　　B. [Enter]键+空格键

C. [Alt]键+空格键　　D. [Ctrl]键+ [Shift]键

86. 在Windows 7的"回收站"中，存放的____。

A. 只能是硬盘上被删除的文件或文件夹

B. 只能是软盘上被删除的文件或文件夹

C. 可以是硬盘或软盘上被删除的文件或文件夹

D. 可以是所有外存储器中被删除的文件或文件夹

87. 在计算机系统中，通常用文件的扩展名来表示____。

A. 文件的内容　　B. 文件的版本

C. 文件的类型　　D. 文件的建立时间

88. 下列____不属于Windows系统的应用程序。

A. 画图　　B. 计算器

C. RealPlayer播放器　　D. 写字板

89. 当某个应用程序不能正常关闭时，可以____，在出现的窗口中选择"任务管理器"，以结束不响应的应用程序。

A. 切断计算机主机电源　　B. 按[Alt]+[Ctrl]+[Del]

C. 按[Alt]+[F4]　　D. 按下[Reset]键

90. 剪贴板的操作不包括____。

A. 删除　　B. 剪贴　　C. 复制　　D. 粘贴

91. 关于快捷方式,不正确的描述为____。

A. 删除快捷方式后,它所启动的程序或文件也被删除

B. 可以在桌面上建立

C. 可以在文件夹中建立

D. 可以在“开始”菜单中建立

92. 选定硬盘上的文件或文件夹后,不将文件或文件夹放到“回收站”中,而直接彻底删除的操作是____。

A. 按[Del]键

B. 用鼠标直接将文件或文件夹拖放到“回收站”中

C. 按[Shift]+[Del]键

D. 在资源管理器窗口中选定要删除的文件或文件夹,选择“组织”→“删除”命令

93. 以下____英文单词代表来宾账户。

A. User B. Guest C. Administrator D. VIP

94. 如果想将某编辑系统中的图形或文字(比如记事本、画图等)放到剪贴板中,可____。

A. 用复制和剪切功能

B. 先选定这些图形和文字,再用复制或剪切功能

C. 用粘贴功能

D. 选定图形和文字后用粘贴功能

95. 如果想将整个屏幕画面放到画图程序中去编辑,可使用的操作为____。

A. 先选定屏幕,用复制命令把屏幕移入剪贴板,再打开画图程序,把光标移动到插入处,选择“粘贴”命令

B. 先选定屏幕,用剪切命令把屏幕移入剪贴板,再打开画图程序,把光标移动到插入处,选择“粘贴”命令

C. 先按下[Print Screen]键,将屏幕上的图形移入剪贴板,再打开画图程序,把光标移动到插入处,选择粘贴命令

D. 以上3项都不是。

96. 在Windows 7中,如果想对图形进行裁减和修改,可在____应用程序中进行。

A. 记事本 B. Word C. 画图 D. 剪贴板

97. 在Windows 7中,使用____命令,可循环切换输入方式。

A. [Ctrl]+[Shift] B. [Ctrl]+空格

C. [Shift]+空格 D. [Ctrl]+回车

98. 要卸载一个应用软件,可在____中进行。

A. 控制面板 B. 资源管理器

C. 文字处理程序 D. 计算机

99. 全角和半角状态的转换命令是按____键。

A. [Caps Lock] B. [Shift]+键位 C. [Ctrl]+空格 D. [Shift]+空格

100. 要使文件不被修改或删除,可以把文件设置成____。

A. 存档文件 B. 隐藏文件 C. 只读文件 D. 应用文件

二、简述题

1. 举例说明鼠标的几种基本操作。
2. Windows 7 窗口的基本组成是怎样的?
3. 在 Windows 7 中打开和关闭窗口各有哪几种方法?
4. “回收站”的功能是什么?
5. 简述 Windows 7 中菜单的类型。
6. 简述 Windows 7“对话框”的功能和特点。
7. 简述 Windows 7 任务栏的组成及功能。
8. 在资源管理器中删除的文件可以恢复吗? 如果能,如何恢复? 如果不能,说明为什么。
9. 在 Windows 系统中,文件扩展名的作用是什么?
10. 在文件管理和文件搜索中,“ * ”和“?”有什么特殊作用? 请举例说明如何使用这两个特殊符号。
11. 如果需要保存文件名和扩展名完全相同的两个文件,怎样操作才能满足要求?
12. “在桌面上不能创建文件夹和文件”的说法对吗? 为什么?
13. 在 Windows 7“资源管理器”窗口中,如何选择连续的和不连续的文件?
14. 什么是 Windows 剪贴板? 举例说明在哪些操作中使用剪贴板?
15. 文件(夹)的复制和移动有什么区别? 简述复制文件(夹)和移动文件(夹)的几种方法。说明一种或几种需要复制或移动文件(夹)的理由。
16. 快捷方式的特点是什么? 试以名为“常用文件”的文件夹为例,说明如何在桌面上建立其快捷方式? 如果将桌面上“常用文件”的快捷方式删除,那么“常用文件”文件夹及其中的文件会如何? 反之,如果删除的是“常用文件”文件夹,那么它的快捷方式又会如何?
17. Windows 7 中有哪几种账户类型? 各有什么运行权限?
18. 在 Windows 7 操作系统中,命令行提示符的功能和作用是什么? 如何进入命令行方式?
19. 简述在 Windows 7 中格式化磁盘的方法。
20. 简述 Windows 7“磁盘碎片整理程序”的基本功能。

习题四　Microsoft Word 2010

1. 办公自动化是计算机的一项应用，按计算机应用的分类，它属于____。
   A. 科学计算　　B. 辅助设计　　C. 实时控制　　D. 信息处理
2. 下列____是在 Word 2010 不支持的。
   A. 把文档设置为只读　　B. 添加数字签名
   C. 对文档进行保护　　D. 将文档内的文字设置为密文
3. Word 文档默认的模板名是____。
   A. Normal. dot　　B. Nom. doc　　C. Word. dot　　D. Common. doc
4. 在保存新建立的 Word 文档时，系统默认保存在____文件夹中。
   A. C:\My documents　　B. C:\
   C. C:\MSOFFICE　　D. C:\Windows
5. ____不能关闭 Word。
   A. 双击标题栏左边的"W"　　B. 单击标题栏右边的"×"
   C. 单击"文件"选项卡中的"关闭"　　D. 单击"文件"选项卡中的"退出"
6. 在 Word 中，文件选项卡中关闭命令的意思是____。
   A. 关闭 Word 窗口连同其中所有的文档窗口，并退出 Windows
   B. 关闭 Word 窗口连同其中所有的文档窗口，并退回到 Windows
   C. 关闭 Word 窗口连同其中所有的文档窗口，并退回到 DOS
   D. 关闭当前文档窗口，但仍在 Word 应用程序中
7. 打开 Word 文档一般是指____。
   A. 把文档的内容从内存中读入并显示出来
   B. 为指定的文件开设一个新的、空的文档窗口
   C. 把文档的内容从磁盘调入内存并显示出来
   D. 显示并打印出指定文档的内容
8. 当输入一个 Word 文档到右边界时，插入点会自动移到下一行最左边，这是 Word 的____功能。
   A. 自动更正　　B. 自动回车　　C. 自动格式　　D. 自动换行
9. 在 Word 编辑状态，当前正编辑一个新建文档"文档 1"，当执行"文件"面板中的"保存"命令后，____。
   A. 该文档 1 被存盘　　B. 弹出"另存为"对话框，供进一步操作
   C. 自动以"文档 1"存盘　　D. 不能以"文档 1"存盘
10. 在 Word 编辑状态下，按先后顺序打开 D1. docx，D2. docx，D3. docx，D4. docx 等 4 个文档，当前活动窗口是____。
    A. D1. docx　　B. D2. docx　　C. D3. docx　　D. D4. docx
11. Word 2010 设置了自动保存功能，欲使自动保存时间间隔为 10 分钟，进行设置的一组操作是____。

A. 选择“文件”选项卡中的“选项”按钮
B. 选定图形所在页按[Ctrl]+[S]键
C. 选择“文件”选项卡中的“保存”按钮
D. 选择“审阅”选项卡中的“限制编辑”按钮

12. Word 的录入原则是____。
A. 可任意加回车键、空格键 B. 可任意加空格键,不可任意加回车键
C. 可任意加回车键,不可任意加空格键 D. 不可任意加回车键、空格键

13. 在 Word 中,对话框中【确定】按钮的作用是____。
A. 确定输入的信息 B. 确认各个选项并开始执行
C. 退出对话框 D. 关闭对话框不做任何动作

14. 在____时,剪贴板中的内容会发生变化。
A. 关闭了文档窗口 B. 又进行了一次粘贴操作
C. 又进行了新的复制操作 D. 又打开了新的文档

15. 在____选项卡的“样式”任务组里,可以设置文档的样式。
A. 插入 B. 开始 C. 视图 D. 页面布局

16. 在 Word 中,____显示方式可查看与打印效果一致的各种文档。
A. 大纲视图 B. 页面视图 C. 普通视图 D. 主控文档

17. 如果文档很长,可采用 Word 提供的____技术,同时在同一文档中滚动查看不同部分。
A. 滚动条 B. 拆分窗口 C. 排列窗口 D. 帮助

18. 段落标记是在按____后产生的。
A. [Esc] B. [Ins] C. [Enter] D. [Shift]

19. 在 Word 中,每个段落的标记在____。
A. 段落中无法看到 B. 段落的结尾处 C. 段落的中部 D. 段落的开始处

20. 在 Word 中,下面关于页眉和页脚的叙述错误的是____。
A. 一般情况下,页眉和页脚适用于整个文档
B. 奇数页和偶数页可以有不同的页眉和页脚
C. 在页眉和页脚中可以设置页码
D. 可以同时设置页眉和页脚

21. 将当前编辑的 Word 文档转存为其他格式的文件时,应使用“文件”面板中的____命令。
A. 保存 B. 页面设置 C. 另存为 D. 发送

22. 欲在当前 Word 文档中插入一个特殊符号,应在____选项卡中去寻找。
A. 插入 B. 引用 C. 视图 D. 开始

23. 在 Word 编辑状态下,执行“开始”选项卡的“复制”命令后,____。
A. 被选择的内容被复制到插入点 B. 被选择的内容被复制到剪贴板
C. 插入点内容被复制到剪贴板 D. 光标所在段落内容被复制到剪贴板

24. 选定整个文档,使用组合键____。

A. [Ctrl]+[A]　B. [Ctrl]+[Shift]+[A]
C. [Shift]+[A]　D. [Alt]+[A]

25. 将选定的文本从文档的一个位置复制到另一个位置,可按住____键再用鼠标拖动。
A. [Ctrl]　B. [Alt]　C. [Shift]　D. [Enter]

26. 在 Word 中,按____键与工具栏上的复制按钮功能相同。
A. [Ctrl]+[C]　B. [Ctrl]+[V]　C. [Ctrl]+[A]　D. [Ctrl]+[S]

27. 按快捷键[Ctrl]+[S]的功能是____。
A. 删除文字　B. 粘贴文字　C. 保存文件　D. 复制文字

28. 在文本编辑时,可用____键和方向键选择多个字符。
A. [Ctrl]　B. [Tab]　C. [Shift]　D. [Alt]

29. 下列说法错误的是____。
A. [Ctrl]+[C]是执行剪贴板的复制操作　B. [Ctrl]+[V]是执行剪贴板的粘贴操作
C. [Ctrl]+[X]是执行剪贴板的剪切操作　D. [Ctrl]+[S]是执行全选操作

30. 下列____是 Word 2010 增加的新的特性。
A. 可以按照图形、表、脚注和注释来查找内容
B. 数据库管理功能
C. 多进程文档管理
D. 支持开源系统

31. 在 Word 编辑状态下,下列 4 种组合键中____可以从汉字输入状态切换到英文状态。
A. [Ctrl]+空格键　B. [Ctrl]+[Alt]　C. [Shift]+空格键　D. [Alt]+空格键

32. 使用____可以进行快速格式复制操作。
A. 编辑菜单　B. 段落命令　C. 格式刷　D. 格式菜单

33. 要创建一个公式,可以____。
A. 执行"开始"→"字体"命令
B. 执行"插入"→"公式"命令
C. 单击"表格和边框"工具栏上的"求和"按钮
D. 使用"绘图"工具栏上的绘图工具

34. Word 双击文档前的文本选择区,则可选择____。
A. 插入点所在行　B. 插入点所在列
C. 整篇文档　D. 什么都不选

35. 在 Word 编辑状态下进行"替换"操作,应使用____选项卡命令。
A. 审阅　B. 插入　C. 视图　D. 开始

36. 使用____选项卡中的"标尺"命令,可以显示或隐藏标尺。
A. 开始　B. 格式　C. 邮件　D. 视图

37. 在 Word 中,利用最长的空间来显示文档,可选择"视图"选项卡的____命令。
A. 页面视图　B. 大纲视图　C. 阅读版式视图　D. 普通视图

38. 在 Word 中,将部分文本内容复制到其他地方,首先进行的操作是____。
A. 剪切　B. 粘贴　C. 复制　D. 选择

39. 在 Word 文档编辑时，文字下面有红色波浪下划线表示____。

A. 已修改过的文档　　B. 对输入的确认

C. 拼写可能错误　　D. 语法可能错误

40. 在 Word 文档中，要把插入点光标从第 1 页移到第 20 页，较好的方法有____。

A. 定位到页

B. 选择“插入”选项卡中的“页码”命令选项

C. 拖动垂直滚动条

D. 选择“插入”选项卡中的“分隔符”命令选项

41. Word 中“插入/图片”命令不可插入的是____。

A. 剪贴画　　B. 公式　　C. 艺术字　　D. 形状

42. 在一个文档中，为使页面的页码不同可以使用插入分隔符的____分节符来完成。

A. 分页符　　B. 分栏符　　C. 下一页　　D. 连续

43. 对 Word 工作环境更改可通过“文件”面板中的____来完成。

A. 选项　　B. 信息检索　　C. 语言　　D. 统计

44. 在 Word 中，将“段落”对话框中“分页和换行”选项卡中“孤行控制”选中，可以防止____。

A. 在页面顶端打印出分节符　　B. 在页面底端打印段落末行

C. 在页面底端打印段落首行　　D. 在页面顶端打印段落首行

45. 在 Word 文档中，插入声音文件，应选择“插入”选项卡中的____命令。

A. 对象　　B. 图片　　C. 图文框　　D. 文本框

46. Word 进行强制分页的方法是____。

A. [Ctrl]+[Shift]　　B. [Ctrl]+[Enter]

C. [Ctrl]+[Space]　　D. [Ctrl]+[Alt]

47. 在 Word 中，一般 SmartArt 图形是为文本设计的，而图表是为数字设计的，下列____操作是利用了图表。

A. 创建气泡图或雷达图　　B. 创建矩阵图

C. 创建棱锥图　　D. 创建组织结构图

48. 在 Word 中，能插入“页码”的命令是____。

A. “插入”选项卡中的“页码”命令选项

B. “页面布局”选项卡中的“页眉和页脚”命令选项

C. “视图”选项卡中的“页眉和页脚”命令选项

D. “开始”选项卡中的“页眉和页脚”命令选项

49. 在 Word 中，可以进行分栏排版的方式为____。

A. 选择“页面布局”选项卡中的“分栏”命令选项

B. 选择“插入”选项卡中的“分隔符”命令选项

C. 选择“视图”选项卡中的“拆分”命令选项

D. 选择“其他格式”工具栏下的“分栏”命令按钮

50. 当选择 Word 的“开始”选项卡中的“字体”命令选项时，出现“字体”对话框，该对话框中有2个选项卡,其中1个选项卡为____。

A. 段落　B. 文字效果　C. 字体　D. 字符间距

51. 在 Word 中,可以将段落设置为左对齐、右对齐等多种对齐方式,但没有下列____选项。

A. 居中对齐　B. 悬挂对齐　C. 分散对齐　D. 两端对齐

52. 在 Word 中,系统默认的中/英文字体的字号是____。

A. 二　B. 三　C. 四　D. 五

53. 要为某个段落添加双下划线,可以____。

A. 执行"开始"→"字体"命令,在"字体"对话框中进行设置

B. 执行"开始"→"段落"命令,在"段落"对话框中进行设置

C. 使用"表格和边框"工具栏上的按钮

D. 使用"绘图"工具栏绘制

54. 在 Word 中,如果使用了项目符号或编号,则项目符号或编号在____时会自动出现。

A. 每次按回车键　B. 一行文字输入完毕并回车

C. 按[Tab]键　D. 文字输入超过右边界

55. 在 Word 中,欲进行自动编号,可单击下述____按钮。

A.　B.　C.　D.

56. 在 Word 编辑状态,当前编辑文档中的字体全是宋体字,选择一段文字使之反显,先设置楷体,又设置仿宋体,则____。

A. 文档全文是楷体　B. 被选择的内容是宋体

C. 被选择的内容变为仿宋体　D. 文档的全部文字的字体不变

57. 在 Word 中,文档可以多栏并存,以下____视图可以看到分栏效果。

A. 普通　B. 页面　C. 大纲　D. 主控文档

58. 批注是审阅者对文档添加的注释信息,通过该操作,____。

A. 可以在批注框中添加图表批注　B. 可以在批注框中添加视频批注

C. 不能改变文档的样式　D. 不能改变文档的内容

59. 如果文档中的页码发生了变化,目录就需要更新。更新目录页的方法是:右键单击目录区域,并选择"更新域",在弹出的对话框中选择____。

A. 只更新页码　B. 增加新页码　C. 删除原页码　D. 更新整个目录

60. 在 Word 中,单击"开始"选项卡中的____命令按钮,可以对文字或数字进行字形修饰。

A. 上划线　B. 下划线　C. 倾斜　D. 旋转 90 度

61. 在 Word 编辑状态下,若设置一个文字格式为下标形式,应使用"开始"选项卡中____组的"下标"命令。

A. 字体　B. 段落　C. 文字方向　D. 组和字符

62. 在 Word 编辑状态下,若设置文字间的距离可使用"开始"选项卡中的____。

A. 字体　B. 段落　C. 文字方向　D. 组和字符

63. 在 Word 文档中,默认的格式是____。

A. 居中 B. 两端对齐 C. 左对齐 D. 右对齐

64. Word 中可通过页面设置进行____操作。

A. 设置行间距 B. 设置纸张大小 C. 设置段落格式 D. 设置分栏

65. 在 Word 中,打印文档时,正确的操作命令是____。

A. 选择“开始”选项卡中的“打印”命令选项

B. 按组合键[Alt]+[S]

C. 选择“页面布局”选项卡的“打印”命令按钮

D. 按组合键[Ctrl]+[S]

66. 如果发现 Word 文档不能进行修订操作,并出现“不允许修改,因为所选内容已被锁定”提示信息,可以____。

A. 选择“插入与删除” B. 关闭文档保护

C. 单击“修订”按钮 D. 勾选“设置格式”

67. 在 Word 中,编辑区显示的“坐标线”在打印时____出现在纸上。

A. 不会 B. 全部 C. 一部分 D. 大部分

68. 在文档中每一面都要出现的基本相同的内容都应放在____中。

A. 页眉页脚 B. 文本 C. 文本框 D. 表格

69. 设定打印纸张大小时,应当使用的命令是____。

A. “开始”中的“打印预览”命令 B. “页面布局”中的“页面设置”命令

C. “开始”中的“段落”命令 D. “视图”中的“页面”命令

70. 在 Word 的“打印”设置中,“页数”可以用如下方法设定____。

A. 1、3、5-12 B. 1;3;5-12 C. 1,3,5-12 D. 1,3,5+12

71. 在 Word 表格中,如果单元格的高度不够,可利用____进行调整。

A. 水平标尺 B. 垂直标尺

C. 滚动条 D. 表格自动套用格式

72. 在 Word 中,有关格式中的文本格式化的说法中不正确的是____。

A. 表格中的文本可以用“开始”选项卡的“字体”和“字号”来修饰

B. 表格中文字的左右居中,可以通过选择“开始”选项卡的“居中”命令按钮来实现

C. 表格中文字的上下对齐,可以通过选择“开始”选项卡的“中部居中”命令按钮来实现

D. 表格中文字的上下对齐,可以通过选择“表格工具”上的“中部居中”命令按钮来实现

73. 如果 Word 表格中同列单元格的宽度不合适时,可以利用____进行调整。

A. 水平标尺 B. 滚动条

C. 垂直标尺 D. 表格自动套用格式

74. 在 Word 表格中,对当前单元格左边的所有单元格中的数值求和,应使用____公式。

A. =SUM(RIGHT) B. =SUM(BELOW)

C. =SUM(LEFT) D. =SUM(ABOVE)

75. 在 Word 2010 的表格中填入的信息____。

A. 只限于文字形式 B. 只限于数字形式

C. 限于文字和数字形式　　D. 是文字、数字和图形对象等

76. 在 Word 2010 的编辑状态中，对已进行的添加批注操作，如果发现在屏幕上无法看到包含有审阅者名称及批注的相关批注框，可以使用____来恢复显示出来。

A. "审阅"选项卡/修订/显示标记　　B. "审阅"选项卡/新建批注

C. "审阅"选项卡/接受/接受修订　　D. "视图"选项卡/阅读版式视图

77. 在 Word 2010 中，编制目录的依据是文档中的____。

A. 段落　　B. 项目　　C. 章节　　D. 各级标题

78. 在 Word 中，下列说法正确的是____。

A. 文档的符号只能从键盘输入

B. 文档中的符号只能从插入菜单中的符号表中找到并插入

C. GBK 码中包含了约两万多汉字

D. 在插入的表格中不可自动进行数值计算

79. 在 Word 的表格中，编辑或修改表格时不可完成的功能有____。

A. 复制或移动表格项

B. 无论表格的横向或纵向合并，其标题文字方向只有一种表示形式

C. 拆分或合并表格单元

D. 改变表格的行高与列宽

80. 在 Word 的"表格工具"中默认的对齐方式有____命令按钮。

A. 靠上两端对齐　　B. 顶端对齐　　C. 中部居中　　D. 靠下右对齐

81. 当前文档中有一个表格，选定表格，按[Del]键后____。

A. 表格中的内容全部被删除，但表格还存在

B. 表格和内容全部被删除

C. 表格被删除，但表格中的内容未被删除

D. 表格中插入点所在的行被删除

82. 当前文档中有一个表格，选定表格中的一行，单击"表格工具"中"拆分表格"命令后，表格被拆分成上、下两个表格，已选择的行____。

A. 在上边的表格中　　B. 在下边的表格中

C. 不在这两个表格中　　D. 被删除

83. 当前文档中有一个表格，经过拆分表格操作后，表格被拆分成上、下两个表格，两个表格中间有一个回车符，当删除该回车符后，____。

A. 上、下两个表格被合并成一个表格

B. 两表格不变，插入点被移到下边的表格中

C. 两表格不变，插入点被移到上边的表格中

D. 两个表格被删除

84. 当前文档中有一个表格，当鼠标在表格的某一个单元格内变成向右箭头，双击鼠标后____。

A. 整个表格被选择　　B. 鼠标所在的一行被选择

C. 鼠标所在的一个单元格被选择　　D. 表格内没有被选择的部分

85. Word 文档中有一个表格，当鼠标在表格的某一个单元格内变成向右箭头，连续三次连击鼠标后，____。
  A. 整个表格被选择
  B. 鼠标所在的一行被选择
  C. 鼠标所在的一个单元格被选择
  D. 表格内没有被选择的部分
86. Word 文档中有一个表格，选定表格内的部分数据，单击“开始”选项卡中的“居中对齐”按钮后，____。
  A. 表中的数据全部按居中对齐格式编排
  B. 表格中被选择的数据按居中对齐格式编排
  C. 表格中的数据没按居中对齐格式编排
  D. 表格中未被选择的数据按居中对齐格式编排
87. 在 Word 表格中，对表格的内容进行排序，下列不能作为排序类型的有____。
  A. 笔画　　B. 拼音　　C. 偏旁部首　　D. 数字
88. 在 Word 中要对某一单元格进行拆分，应执行____操作。
  A. 选择“插入”选项卡中的“拆分单元格”命令
  B. 选择“开始”选项卡中的“拆分单元格”命令
  C. 选择“引用”选项卡中的“拆分单元格”命令
  D. 选择“表格工具”中的“拆分单元格”命令
89. 在 Word 中，如果在有文字的区域绘制图形，则在文字与图形的重叠部分____。
  A. 文字不可能被覆盖　　B. 文字可能被覆盖
  C. 文字小部分被覆盖　　D. 文字大部分被覆盖
90. 在图形编辑中，如果单击绘图工具中的直线图标按钮，此时鼠标光标在文本区内变为____图形。
  A. ↖　　B. |　　C. ↗　　D. +
91. 在 Word 中，要使文字和图片叠加，应在插入的图片格式中选择____方式。
  A. 四周环绕　　B. 紧密环绕　　C. 无环绕　　D. 上下环绕
92. 在 Word 中，可以在文档中插入多种格式的图形文件，并且可以任意____。
  A. 改变纵、横向的比例　　B. 放大、缩小比例
  C. 修改图片和在文档中直接绘图　　D. 以上都可以实现
93. 在 Word 中要使文字能够环绕图形编辑，应选择的环绕方式是____。
  A. 紧密型　　B. 四周型　　C. 无　　D. 穿越型
94. 下列功能中不是 Word 的基本功能的是____。
  A. 文字编辑和校对功能　　B. 格式编排和文档打印功能
  C. 编辑图片　　D. 图文混排
95. 在 Word 的编辑状态中，绘制图形时，文档应处于____。
  A. 普通视图　　B. 主控文档　　C. 页面视图　　D. 大纲视图
96. 在 Word 中，图像可以以多种环绕形式与文本混排，____不是它提供的环绕形式。

A. 四周型　　B. 穿越型　　C. 上下型　　D. 左右型

97. 在编写论文时，经常要采用自动生成目录，一般常在第一页插入一空白页，专门用来放置目录，插入空白页最快捷的方法是____。

A. 选择“视图”选项卡中的“新建窗口”命令

B. 选择“文件”选项卡中的“新建/空白文档”命令

C. 选择“插入”选项卡中的“空白页”命令

D. 在编辑状态下不断输入[Enter]键

98. 在“字数统计”中用户不能得到的信息是____。

A. 文件的长度　　B. 文档的页数　　C. 文档的段落数　　D. 文档的行数

99. Word 中的宏是____。

A. 一种病毒　　B. 一种固定格式　　C. 一段文字　　D. 一段应用程序

100. 在 Word 中，节是一个重要的概念，下列关于节的叙述不正确的是____。

A. 在 Word 中，默认整篇文档为一个节　　B. 可以对一篇文档设定多个节

C. 可以对不同的节设定不同的页码　　D. 删除节的页码用[End]键

习题五 Microsoft Excel 2010

1. Excel广泛应用于____。
   A. 工业设计、机械制造、建筑工程 B. 美术设计、装潢、图片制作
   C. 统计分析、财务管理分析、经济管理 D. 多媒体制作
2. 新建工作簿默认包含____个工作表。
   A. 256 B. 1 C. 2 D. 3
3. 在Excel 2010中,一张工作表最多可有____。
   A. 26列 B. 256列 C. 16 384列 D. 65 536列
4. 在Excel 2010中,一张工作表最多可有____。
   A. 65 536行 B. 256行 C. 1 048 576行 D. 16 384行
5. Excel 2010中工作簿文件的缺省类型是____。
   A. txt B. wks C. xlsx D. docx
6. 下列说法中正确的是____。
   A. Excel文件的扩展名是.docx B. Excel可以在DOS环境下运行
   C. Excel是一种电子表格软件 D. Excel属于操作系统系列软件
7. 下列____是Excel的基本存储单位。
   A. 幻灯片 B. 单元格 C. 工作表 D. 工作簿
8. 在Excel中,第7行第5列的单元格表示为____。
   A. F7 B. E7 C. R7C5 D. R5C7
9. 在Excel中,下列____是C7,E7,D6:D8所表示的单元格。
   A. D7 B. D6
   C. C7 D. C7,D7,E7,D6,D8
10. 在Excel工作表中,每个单元格都有唯一的编号叫地址,地址的使用方法是____。
    A. 字母+数字 B. 列标+行号 C. 数字+字母 D. 行号+列标
11. 下列关于Excel的说法,不正确的是____。
    A. Excel具有绘图、文档处理等功能
    B. Excel具有以数据库管理方式管理表格数据功能
    C. Excel能生成立体统计图形
    D. Excel是电子表格软件
12. 在Excel中,下列关于工作表的说法,选项____是正确的。
    A. 工作表标签位于工作簿文档窗口底部和垂直滚动条右侧
    B. 工作表不能删除
    C. 工作表可以重命名
    D. 工作表内容不能移动
13. 在Excel中,当给某一个单元格设置了数字格式,则关于该单元格错误的是____。

A. 不改变其中的数据，只改变显示形式　B. 只能输入数字
C. 可以输入数字也可以输入字符　D. 把输入的数据改变了

14. Excel 工作表中可以进行智能填充时鼠标的形状为____。
A. 空心粗十字　B. 向左上方箭头　C. 向右上方箭头　D. 实心细十字

15. Excel 编辑栏中的“╳”表示____。
A. 公式栏中的编辑有效，且接收　B. 公式栏中的编辑无效，不接收
C. 不允许接收数学公式　D. 删除编辑栏的数据

16. Excel 编辑栏中的“＝”表示____。
A. 公式栏中的编辑有效，且接收　B. 公式栏中的编辑无效，不接收
C. 不允许接收数学公式　D. 允许接收数学公式

17. 用户新建一个工作簿时，有 3 个默认的工作表，当前的工作表为____。
A. Book　B. Book1　C. Sheet　D. Sheet1

18. 在 Excel 工作簿中有关移动和复制工作表的说法正确的是____。
A. 工作表可以移动到其他工作簿内，也可以复制到其他工作簿内
B. 工作表可以移动到其他工作簿内，不能复制到其他工作簿内
C. 工作表只能在所在工作簿内移动，不能复制
D. 工作表只能在所在工作簿内复制，不能移动

19. 在 Excel 中，在选定的一行位置上插入一行，可以通过____。
A. 选择“插入”选项卡中的“行”命令
B. 选择“数据”选项卡中的“行”命令
C. 选择“开始”选项卡中的“插入”命令
D. 选择“数据”选项卡中的“插入”命令

20. 在 Excel 中，选择一活动单元格，输入一个数字，按住[Ctrl]键，向____方向拖动填充柄，所拖过的单元格被填入的是按步长值为 1 的递增等差数列。
A. 下　B. 左　C. 上　D. 以上答案均对

21. 在 Excel 中，编辑栏中的名称框显示的是____。
A. 单元格的地址　B. 当前单元格的地址
C. 当前单元格的内容　D. 单元格的内容

22. 在 Excel 中，单击鼠标右键弹出的快捷菜单中所包含的命令是____。
A. 任意　B. 最常用的鼠标对象号
C. 随鼠标指针位置的变化决定　D. 固定的几个

23. 关于 Excel 工作表，错误的是____。
A. 可以重命名　B. 可以复制　C. 不可以移动　D. 可以删除

24. 在 Excel 工作表中，单元格区域 B2:C6 所包含的单元格个数是____。
A. 5　B. 6　C. 7　D. 10

25. 在 Excel 中，设置单元格区域的数字格式可通过____进行。
A. “数据”选项卡　B. “视图”选项卡
C. “开始”选项卡　D. “常用”工具栏

26. 在 Excel 中,填充单元格区域中的底纹可通过____进行。
A. “页面布局”选项卡
B. “文件”选项卡
C. “插入”选项卡
D. “开始”选项卡

27. 在 Excel 中,添加单元格区域的边框线可通过____进行。
A. “插入”选项卡
B. “编辑”选项卡
C. “数据”选项卡
D. “开始”选项卡

28. 在 Excel 中,若填入一列等差数列(单元格内容为常数),使用的方法是____。
A. 使用填充柄
B. 使用“数据”选项卡命令
C. 使用“插入”选项卡命令
D. 使用“格式”选项卡命令

29. 在 Excel 中下列____观点正确。
A. 只能打开一个工作簿
B. 工作簿窗口只有一个工作表
C. 可以同时打开多个工作簿
D. 工作簿窗口有多个活动工作表

30. 在 Excel 中,调整单元格区域中的文本对齐方式可通过____进行。
A. “数据”选项卡中的“对齐方式”
B. “开始”选项卡中的“对齐方式”
C. “编辑”选项卡中的“对齐方式”
D. “常用”工具栏

31. 在 Excel 中,使用填充柄不可在单元格区域中填充____。
A. 相同数据
B. 没有关系的数据
C. 已定义的序列数据
D. 递增或递减的数据序列

32. 在 Excel 中,在单元格区域输入相同的数据可使用____。
A. 直接输入　B. 键盘　C. 填充柄　D. 插入菜单

33. 在 Excel 中,填充柄处于单元格的____。
A. 右下角　B. 左上角　C. 左下角　D. 右上角

34. 在 Excel 中,可通过单元格的____设计各种形式的报表。
A. 添加边框线　B. 文本内容　C. 合并　D. 拆分

35. 在 Excel 中,单元格中的文本自动换行可通过____选项卡进行。
A. 开始　B. 视图　C. 数据　D. 页面布局

36. 在 Excel 中,表格边框线____。
A. 红色可以改为蓝色
B. 实线可以改为虚线
C. 粗细可以改变
D. 以上操作均可

37. 在 Excel 中,表格边框线的线型可以是____。
A. 点画线　B. 细实线　C. 虚线　D. 都可以

38. 在 Excel 中,可以在单元格____设置边框线。
A. 下　B. 内部　C. 上　D. 都可以

39. 在 Excel 中,下列____是 D1:E3 代表的单元格。
A. E1,E2,E3
B. D1,D2,D3,E1, E2,E3
C. D1,D2,D3
D. A1, E3

40. 在 Excel 中,编辑单元格批注的方法是,先选中单元格,然后点击____选项卡中的“新建批注”。

A. 审阅 B. 插入 C. 数据 D. 视图

41. 在 Excel 中,单元格的合并通过____不可以完成。

A. "开始"选项卡中的"合并及居中"按钮 B. "开始"选项卡中的"对齐方式"
C. "数据"选项卡 D. 右键弹出快捷菜单完成

42. 在 Excel 中,单元格可以接收____的数据。

A. 时间 B. 文本 C. 日期 D. 以上都可以

43. 在 Excel 中,输入____不能得到负数。

A. "-9" B. (9) C. -9 D. -9·

44. 在默认情况下,Excel 单元格中的数据____表示文本。

A. 沿单元格靠左对齐 B. 沿单元格靠右对齐
C. 水平居中 D. 垂直居中

45. 在 Excel 中,选中多个连续的单元格的方法是用____键配合鼠标操作。

A. [Alt] B. [Shift] C. [Ctrl] D. [Del]

46. 在单元格中输入数据后,按____键,能实现在当前活动单元格内换行。

A. [Ctrl]+[Enter] B. [Alt]+[Enter]
C. [Del]+[Enter] D. [Shift]+[Enter]

47. 在 Excel 公式栏中输入数据后,按____键,能实现在当前所有活动单元格内填充相同内容。

A. [Shift]+[Enter] B. [Del]+[Enter]
C. [Alt]+[Enter] D. [Ctrl]+[Enter]

48. 在 Excel 中,____单元格可拆分。

A. 任意单元格 B. 跨列居中过的单元格
C. 合并过的 D. 单元格不能拆分

49. 在 Excel 中,工作表中的单元格不可以存储____。

A. 文本 B. 数值 C. 公式 D. 工作表

50. 在 Excel 中,要精确调整单元格的行高可通过____。

A. "数据"选项卡 B. "开始"选项卡
C. 拖动行号上面的分隔线 D. 拖动行号下面的分隔线

51. 下列正确的 Excel 公式形式是____。

A. =A5*Sheet2!B3 B. =A5*Sheet2$B3
C. =A5*Sheet2:B3 D. =A5*Sheet2%B3

52. 默认情况下,在 Excel 单元格中靠左对齐的数据为____。

A. 文本 B. 数值 C. 日期 D. 时间

53. 在 Excel 中,"开始"选项卡中的"对齐方式"命令可以设置____。

A. 字体 B. 边框 C. 行高 D. 列宽

54. 在 Excel 中,不可设置表格边框线的____。

A. 粗细 B. 颜色 C. 虚实线形 D. 曲线线形

55. 以下不可以调整行高的方法是____。

A. 使用“格式”菜单的“行”命令

B. 拖动单元格所在的行号下边的分隔线

C. 直接在单元格中按[Enter]键

D. 按住[Alt]键再按[Enter]键

56. 若在单元格中输入数值 1/2,应____。

A. 直接输入 1/2　　B. 输入'1/2

C. 输入 0 和空格后输入 1/2　　D. 输入空格和 0 后输入 1/2

57. 在 Excel 中要删除一行,应选择____。

A. “数据”选项卡中的“筛选”　　B. “页面布局”选项卡的“删除”

C. “开始”选项卡的“剪切”　　D. “开始”选项卡的“删除”

58. Excel 工作簿的窗口冻结的形式包括____。

A. 水平冻结　　B. 垂直冻结

C. 水平、垂直同时冻结　　D. 以上全是

59. 在 Excel 的编辑栏中,显示的公式或内容是____。

A. 上一单元格的　　B. 当前行的

C. 当前列的　　D. 当前单元格的

60. 在 Excel 中,对单元格地址绝对引用,正确的方法是____。

A. 在单元格地址前加“$”

B. 在单元格地址后加“$”

C. 在构成单元格地址的字母和数字前分别加“$”

D. 在构成单元格地址的字母和数字间加“$”

61. 在 Excel 中,在进行公式复制时____地址会发生改变。

A. 相对地址中的地址偏移量　　B. 相对地址中所引用的单元格

C. 绝对地址中的地址表达式　　D. 绝对地址中所引用的单元格

62. 在 Excel 中输入公式时,如出现“#REF!”提示,表示____。

A. 运算符号有错　　B. 没有可用的数值

C. 某个数字出错　　D. 引用了无效的单元格

63. 在 Excel 中,以下属于单元格相对引用的是____。

A. A1　　B. A1　　C. $A1　　D. A$1

64. 使用公式或函数的自动填充功能,若想填充公式或函数中引用的单元格地址随着单元格的填充发生行列地址的相应变化,应该使用____。

A. 绝对引用　　B. 相对引用　　C. 混合引用　　D. 不能引用

65. 在 Excel 中,下列说法中不正确的是____。

A. 数据可以在单元格内用组合键换行

B. 可以通过“审阅”选项卡为单元格加批注

C. 单元格区域不可以重命名

D. 公式=“6”+“4”的运算结果是数值 10

66. 在 Excel 中，下列说法中不正确的是____。

A. 公式要以“=”开头

B. 常用函数的种类并不会因使用者使用其他函数而改变

C. 相邻两个参数之间用“-”号隔开

D. 函数也可以没有参数，但函数名后的圆括号是必需的

67. 在 Excel 中，不是引用运算符的是____。

A. ：　　B. ，　　C. 空格　　D. %

68. 在 Excel 中，已知 B3 和 B4 单元格中的内容分别为“九江”和“学院”，要在 B1 中显示，“九江学院”可在 B1 中输入公式____。

A. =B3+B4　　B. B3-B4　　C. B3&B4　　D. B3$B4

69. 在 Excel 中，公式以____开头。

A. 字母　　B. =　　C. 数字　　D. 日期

70. 在 Excel 中，创建公式的操作步骤有：①在编辑栏键入“=”；②键入公式；③按[Enter]键；④选择需要建立分式的单元格；其正确的顺序是____。

A. ①②③④　　B. ④①③②　　C. ④①②③　　D. ④③①②

71. 关于 Excel 单元格中的公式的说法，不正确的是____。

A. 只能显示公式的值，不能显示公式

B. 能自动计算公式的值

C. 公式值随所引用的单元格的值的变化而变化

D. 公式中可以引用其他工作簿中的单元格

72. 在 Excel 中，要求 A1，A2，A3 单元格中数据的平均值，并在 B1 单元格式中显示出来，下列公式错误的是____。

A. =(A1+A2+A3)/3　　B. =SUM(A1:A3)/3

C. =AVERAGE(A1:A3)　　D. =AVERAGE(A1:A2:A3)

73. 在 Excel 中，关于函数的说法，不正确的是____。

A. 参数可以代表数值或单元格区域

B. 函数名和左括号之间不允许有空格

C. 相邻两个参数之间用逗号隔开

D. 在函数名中，英文大小写字母的效果不相同

74. 在 Excel 中，____是函数 MIN(4,8,FALSE)的执行结果。

A. 0　　B. 4　　C. 8　　D. -1

75. 在 Excel 中，____是函数 AVERAGE (1,“”,A)的返回值。

A. 不予计算　　B. A2　　C. 11　　D. 5

76. 在 Excel 中，下列函数的返回值为 8 的是____。

A. SUM("4",3,TRUE)　　B. MAX(9,8,TRUE)

C. AVERAGE(8,TRUE,18,6)　　D. MIN(FALSE,8,-9)

77. 在 Excel 的数据操作中，统计个数的函数是____。

A. COUNT　　B. SUM　　C. AVERAGE　　D. TOTAL

78. 在 Excel 中，在 A1 单元格中输入＝SUM(8，7，8，7)，则其值为____。

A. 15　　B. 30　　C. 7　　D. 8

79. 在 Excel 的单元格中，其公式：＝SUM(B3：E8)含义是____。

A. 3 行 B 列至 8 行 E 列范围内的 24 个单元格内容相加

B. 单元格 B3 与单元格 E8 的内容相加

C. B 行 3 列至 E 行 8 列范围内的 24 个单元格内容相加

D. 3 行 B 列与 8 行 E 列的单元格内容相加

80. 在 Excel 中进行排序操作时，最多选择的排序关键字的个数为____。

A. 1　　B. 2　　C. 多个　　D. 4

81. 下列说法中正确的是____。

A. 图表既可以嵌入在工作表，也可以单独占据一个工作表

B. 当工作表数据改变时，图表不能自动更新

C. 当图表数据改变时，工作表数据不能自动更新

D. 图表标题不能编辑

82. 在 Excel 中，图表建立好以后，可以通过鼠标____。

A. 添加图表向导以外的内容　　B. 改变图表的类型

C. 调整图表的大小和位置　　D. 改变行标题和列标题

83. 在 Excel 中，下列说法中正确的是____。

A. 图表大小不能缩放　　B. 图表中图例的位置只能位于图的底部

C. 图例可以不显示　　D. 图表的位置不可以移动

84. 在 Excel 中，能够进行条件格式设置的区域____。

A. 只能是一行　　B. 只能是一列

C. 只能是一个单元格　　D. 可以是任何选定区域

85. 在 Excel 中，为了更好地反映折线迷你图中数据的趋势，可以通过选中____使所有数据以节点形式突出显示。

A. 低点　　B. 高点　　C. 负点　　D. 标记

86. 在 Excel 中，最适合反映某个数据在所有数据构成的总和中所占的比例的一种图表类型是____。

A. 散点图　　B. 折线图　　C. 柱形图　　D. 饼图

87. 在 Excel 中，能够选择和编辑图表中任何对象的是使用____。

A. 绘图工具栏　　B. 图表工具栏　　C. 常用工具栏　　D. 格式工具栏

88. 迷你图是将数据形象化呈现的制图小工具，下列____不是迷你图的图表类型。

A. 折线图　　B. 散点图　　C. 柱形图　　D. 盈亏图

89. 在 Excel 中，创建图表时，在弹出的“选择数据源”对话框中选择图表的数据区域后，如果图表数据区域发生变化，则相应的图表____。

A. 自动发生变化　　B. 不会发生变化

C. 提示出错　　D. 需手动操作后才发生变化

90. 在 Excel 中，下列说法中不正确的是____。

A. 当需要利用复杂的条件筛选数据清单时可以使用“高级筛选”

B. 执行“高级筛选”之前必须为之指定一个条件区域

C. 筛选的条件可以自定义

D. 在筛选命令执行之后，筛选结果一定和原数据清单一起显示在屏幕上

91. 在 Excel 中，对表格中的数据进行排序可通过____。

A. “文件”选项卡　B. “开始”选项卡　C. “数据”选项卡　D. “公式”选项卡

92. 在 Excel 中，不可以按照____对数据进行排序。

A. 主要关键字　B. 次要关键字　C. 第三关键字　D. 图表

93. 在 Excel 中，对数据进行分类汇总的统计操作不可以是____。

A. 求乘积　B. 求标准偏差　C. 求最小值　D. 筛选

94. 在 Excel 中，进行分类汇总时，不可以对____项进行统计。

A. 逻辑　B. 日期　C. 数据　D. 文本

95. 在 Excel 中，排序关键字的类型可以是____类型。

A. 日期　B. 文字　C. 数值　D. 以上都可以

96. 在 Excel 中，对排序问题的下列说法中不正确的是____。

A. 可以使用工具栏中的“升序”或“降序”按钮

B. 排序时关键字有时不止一个

C. 在排序对话框中勾选“数据包含标题栏”筛选框，表示标题行不参加排序。

D. 只能对列排序，不能对行实现排序。

97. 在 Excel 中，下列关于分类汇总的叙述错误的是____。

A. 分类汇总的关键字只能是一个字段

B. 分类汇总前数据必须按关键字字段排序

C. 分类汇总不能删除

D. 汇总方式可以求和

98. 在 Excel 中，单击排序对话框中的“选项…”按钮，在弹出的排序选项对话框中可以____。

A. 选择按列排序　B. 不能选择字母排序

C. 不能选择笔画排序　D. 不能选择区分大小写

99. 在 Excel 中，下列关于分类汇总的说法中不正确的是____。

A. 进行分类汇总之前，必须先对表格中需进行分类汇总的列排序

B. Excel 只对分类的数据具有求乘积汇总功能

C. Excel 可以对数据列表中的字符型数据项统计个数

D. 在进行分类汇总时，在工作表窗口左边会出现分级显示区

100. 在 Excel 中，下面是选定区域中的数据，____单元格不能被 COUNT(Al:A4)统计出来。

A. A3 单元格数据为 0　B. A1 单元格的数据为文字“计算”

C. A2 单元格为时间格式 10:30　D. A4 单元格数据为逻辑值 FALSE

习题六 Microsoft PowerPoint 2010

1. PowerPoint 演示文稿的默认扩展名是____。

   A. PWP　B. FPT　C. PPTX　D. PRG

2. PowerPoint 的应用特点是____。

   A. 制作屏幕演示文稿　B. 制作讲义
   C. 制作网页　D. 制作文本

3. 利用“文件”选项卡中的“保存并发送”命令，可以将当前演示文稿____。

   A. 复制到软盘上　B. 作为电子邮件的正文内容发送出去
   C. 作为电子邮件的附件发送出去　D. 作为传真的内容发送出去

4. 普通视图包含 3 种窗格：大纲窗格、____和备注窗格。

   A. 标题窗格　B. 幻灯片窗格　C. 讲义窗格　D. 组织结构窗格

5. 对新文稿存盘的方法不正确的是____。

   A. 选择“文件”选项卡的“保存”命令
   B. 选择“文件”选项卡的“另存为”命令
   C. 按快捷键[Ctrl]+[S]键
   D. 按快捷键[Ctrl]+[W]键

6. 在 PowerPoint 下编辑文件的保存类型不可以是____。

   A. 网页文件　B. Word 文档　C. 演示文稿　D. 演示文稿模板

7. ____方法不能启动 PowerPoint。

   A. 用鼠标左键双击桌面上的 PowerPoint 图标
   B. 用鼠标左键双击 PowerPoint 文件图标
   C. 用鼠标右键双击 PowerPoint 快捷方式图标
   D. 选择“开始”→“程序”→“Microsoft PowerPoint”命令

8. 演示文稿中的每一张演示的单页称为____，它是演示文稿的核心。

   A. 版式　B. 模板　C. 母版　D. 幻灯片

9. 在 PowerPoint 的大纲视图中，可以看到每个层次标题，标题最多可以包含____级。

   A. 2　B. 3　C. 4　D. 5

10. 以下不属于 PowerPoint 视图方式的是____。

    A. 幻灯片浏览　B. 大纲　C. 普通　D. 讲义

11. 如果要将幻灯片的方向改变为纵向，可通过____命令实现。

    A. 页面设置　B. 打印　C. 幻灯片版式　D. 应用设计模板

12. 以下不属于页面设置的内容是____。

    A. 幻灯片大小　B. 幻灯片方向
    C. 页边距　D. 幻灯片编号起始值

13. 在演示文稿中新增幻灯片的正确方法是____。

    A. 选择“文件”选项卡中的“新建”命令

B. 选择“开始”选项卡中的“新建幻灯片”命令

C. 在幻灯片编辑区单击鼠标右键，选择“插入幻灯片”命令

D. 选择“编辑”选项卡中的“新建幻灯片”命令

14. 选择全部演示文稿，可用快捷键____。

A. [Shift]+[A]　　B. [Ctrl]+[Shift]

C. [Ctrl]+[A]　　D. [Ctrl]+[Shift]+[A]

15. 下述有关在幻灯片浏览视图下的操作，不正确的有____。

A. 采用[Shift]+鼠标左键的方式选中多张幻灯片

B. 采用鼠标拖动幻灯片可改变幻灯片在演示文稿中的位置

C. 在幻灯片浏览视图下可隐藏幻灯片

D. 在幻灯片浏览视图下可删除幻灯片中的某一对象

16. 在 PowerPoint 编辑状态下可以进行幻灯片间移动和复制操作的视图方式为____。

A. 幻灯片　　B. 幻灯片浏览　　C. 幻灯片放映　　D. 备注页

17. 可删除幻灯片的操作是____。

A. 在幻灯片放映视图中选择幻灯片，再按[Del]键

B. 在幻灯片放映视图中选择幻灯片，再按[Esc]键

C. 在幻灯片浏览视图中选中幻灯片，再按[Del]键

D. 在幻灯片浏览视图中选中幻灯片，再按[Esc]键

18. PowerPoint 中的图片不可以来自____。

A. 剪辑库　　B. 自选图形　　C. 指定文件　　D. 应用程序

19. 在 PowerPoint 中，不属于文本占位符的是____。

A. 标题　　B. 副标题　　C. 图表　　D. 普通文本

20. 在____视图方式下，显示的是幻灯片的缩图，适用于对幻灯片进行组织和排序、添加切换功能和设置放映时间。

A. 幻灯片　　B. 大纲　　C. 幻灯片浏览　　D. 备注页

21. 选中幻灯片中的对象，____不可实现对象的复制操作。

A. 单击右键选择快捷菜单中的“复制”和“粘贴”按钮

B. 选择“开始”选项卡中的“复制”与“粘贴”命令

C. 用鼠标左键拖动对象到目的位置

D. 使用快捷键[Ctrl]+[C]和[Ctrl]+[V]

22. 在 PowerPoint 2010 中，下列说法错误的是____。

A. 在文档中可以插入音乐

B. 在文档中可以插入影片

C. 在文档中插入多媒体内容后，放映时只能自动放映，不能手动放映

D. 在文档中可以插入声音

23. ____不是幻灯片能设置的母版的格式。

A. 大纲母版　　B. 备注母版　　C. 幻灯片母版　　D. 讲义母版

24. 有关幻灯片中文本框的描述正确的是____。

A. “横排文本框”的含义是文本框高的尺寸比宽的尺寸小
B. 选定一个版式后,其内的文本框的位置不可以改变
C. 复制文本框时,内部添加的文本一同被复制
D. 文本框的大小只可以通过鼠标非精确调整

25. 添加与编辑幻灯片“页眉与页脚”操作的命令位于____菜单中。
A. 开始　B. 视图　C. 插入　D. 设计

26. 在 PowerPoint 中,幻灯片____是一张特殊的幻灯片,包含已设定格式的占位符,这些占位符是为标题、主要文本和所有幻灯片中出现的背景项目而设置的。
A. 模板　B. 母版　C. 版式　D. 样式

27. 为幻灯片中文本设置项目符号,可使用____。
A. “文件”选项卡　B. “插入”选项卡　C. “开始”选项卡　D. “审阅”选项卡

28. 幻灯片的“背景”不可以是____。
A. 单一颜色　B. 双色渐变　C. 纹理填充　D. 动画

29. 有关幻灯片页面版式的描述,不正确的是____。
A. 幻灯片应用模板可以改变
B. 幻灯片的大小(尺寸)不能够调整
C. 同一演示文稿中只允许使用一种母版格式
D. 同一演示文稿中不同幻灯片的配色方案可以不同

30. 选中文本后,下述____操作不能设置文本中的“字号”格式。
A. 选中文本后,在文本相关联的工具栏中设置“字号”
B. 单击“开始”选项卡中的“字体”命令
C. 单击鼠标右键,再选择“字体”命令
D. 单击鼠标左键,再选择“字体”命令

31. 以下不属于“开始”选项卡的命令为____。
A. 字体　B. 背景　C. 段落　D. 幻灯片版式

32. 在 PowerPoint 中,可以设置幻灯片布局的命令为____。
A. 背景　B. 幻灯片版式　C. 幻灯片配色方案　D. 设置放映方式

33. 设置幻灯片背景的填充效果应使用____选项卡。
A. 视图　B. 开始　C. 设计　D. 插入

34. 设置幻灯片背景时,不属于自定义颜色基色的是____。
A. 红色　B. 绿色　C. 黄色　D. 蓝色

35. 关于 PowerPoint 的配色方案正确的描述是____。
A. 配色方案的颜色用户不能更改
B. 配色方案只能应用到某张幻灯片上
C. 配色方案不能删除
D. 应用新配色方案,不会改变进行了单独设置颜色的幻灯片颜色

36. 如果要想使某个幻灯片与其母版的格式不同,可以____。
A. 更改幻灯片版面设置　B. 设置该幻灯片不使用母版

C. 直接修改该幻灯片　　D. 修改母版

37. 为幻灯片添加编号，应使用____选项卡。

A. 设计　　B. 审阅　　C. 开始　　D. 插入

38. 幻灯片中的对象在动画播放后，不可以____。

A. 不变暗　　B. 变为其他颜色　　C. 被隐藏　　D. 被删除

39. PowerPoint 2010 中自带很多的图片文件，若将它们加入演示文稿中，应使用插入____操作。

A. 自选图形　　B. 剪贴画　　C. 对象　　D. 符号

40. 在幻灯片放映时，从一张幻灯片过渡到下一张幻灯片，称为____。

A. 动作设置　　B. 预设动画　　C. 幻灯片切换　　D. 自定义动画

41. 如果要从最后1张幻灯片返回第1张幻灯片，应使用菜单“幻灯片放映”中的____。

A. 动作设置　　B. 预设动画　　C. 幻灯片切换　　D. 自定义动画

42. 若将幻灯片中的对象设置动画，可选取____。

A. “格式”选项卡中的“自定义动画”命令

B. “工具”选项卡中的“预设动画”命令

C. “幻灯片放映”选项卡中的“添加动画”命令

D. “动画”选项卡中的“添加动画”命令

43. 如果要从一个幻灯片“溶解”到下一个幻灯片，应使用“切换”选项卡中的____。

A. 换片方式　　B. 预设动画　　C. 切换到此幻灯片　D. 自定义动画

44. 若在计算机屏幕上放映演示文稿，正确的操作是执行____。

A. “开始”选项卡中的“观看放映”命令

B. 按[F5]键

C. “编辑”选项卡中的“幻灯片放映”命令

D. “视图”选项卡中的“幻灯片浏览”命令

45. 在 PowerPoint 中，若为幻灯片中的对象设置“飞入”，应在____选项卡中设置。

A. 动画　　B. 设计　　C. 视图　　D. 幻灯片放映

46. 为了使所有幻灯片有统一的外观风格，可以通过设置____实现。

A. 配色方案　　B. 母版　　C. 幻灯片版式　　D. 幻灯片切换

47. 以下选项中，不属于 PowerPoint 提供的3种不同的放映幻灯片的方式的是____。

A. 演讲者放映　　B. 观众自行浏览

C. 在展台浏览　　D. 幻灯片浏览

48. ____操作可以退出 PowerPoint 的全屏放映模式。

A. 选择“文件”选项卡中的“退出”命令　　B. 按[Ctrl]+[X]键

C. 按[Ctrl]+[F4]键　　D. 按[Esc]键

49. 在 PowerPoint 中，[Esc]键的作用是____。

A. 关闭打开的文件　　B. 退出 PowerPoint

C. 停止正在放映的幻灯片　　D. 相当于[Ctrl]+[F4]

50. 要使幻灯片在放映时能够自动播放，需要为其设置____。

A. 超级链接　　B. 动作按钮　　C. 排练计时　　D. 录制旁白

习题七　计算机网络基础

一、选择题

1. 关于计算机软件的使用，正确的认识应该是____。
   A. 计算机软件不需要维护
   B. 计算机软件只要复制得到就不必购买
   C. 受法律保护的计算机软件不能随意复制
   D. 计算机软件不必备份
2. 域名 www.tsinghua.edu.cn 一般来说，它是在____。
   A. 中国教育界　B. 中国工商界　C. 工商界　D. 网络机构
3. 因特网的地址系统表示方法有____种。
   A. 1　B. 2　C. 3　D. 4
4. 计算机网络的构成可分为____、网络软件、网络拓扑结构和传输控制协议。
   A. 体系结构　B. 传输介质　C. 通信设备　D. 网络硬件
5. 计算机网络技术包含的两个主要技术是计算机技术和____。
   A. 微电子技术　B. 通信技术　C. 数据处理技术　D. 自动化技术
6. 收发电子邮件，首先必须拥有____。
   A. 电子邮箱　B. 上网账号　C. 中文菜单　D. 个人主页
7. IP 地址是由一组____位的二进制数组成。
   A. 8　B. 16　C. 32　D. 128
8. 计算机网络的突出优点是____。
   A. 资源共享　B. 存储容量大　C. 运算速度快　D. 运算精度高
9. 开放系统互联(OSI)模型的基本结构分为____层。
   A. 5　B. 6　C. 7　D. 8
10. 下列不属于网络拓扑结构形式的是____。
    A. 分支　B. 环型　C. 总线　D. 星型
11. 统一资源定位符的英文缩写是____。
    A. HTTP　B. FTP　C. TELNET　D. URL
12. 下列传输介质中，抗干扰能力最强的是____。
    A. 微波　B. 光纤　C. 双绞线　D. 同轴电缆
13. 每台联网的计算机都必须遵守一些事先约定的规则，这些规则称为____。
    A. 标准　B. 协议　C. 公约　D. 地址
14. 局域网的网络硬件主要包括服务器、工作站、网卡和____。
    A. 网络拓扑结构　B. 微型机　C. 传输介质　D. 网络协议

15. ____多用于同类局域网之间的互联。

A. 中继器　B. 网桥　C. 路由器　D. 网关

16. Internet 上各种网络和各种不同类型的计算机相互通信的基础是____协议。

A. TCP/IP　B. SPX/IPX　C. CSM/CD　D. CGBENT

17. 中国教育和科研计算机网络是____。

A. CHINANET　B. CSTENT　C. CERNET　D. CGBNET

18. 从 www.jxdd.gov.cn 可以看出，它是中国____的一个站点。

A. 军事部门　B. 政府部门　C. 教育部门　D. 工商部门

19. 局域网的网络软件主要包括____。

A. 网络传输协议和网络应用软件

B. 工作站软件和网络数据库管理系统

C. 网络操作系统、网络数据库管理系统和网络应用软件

D. 服务器操作系统、网络数据库管理系统和网络应用软件

20. 下列关于 IP 的说法错误的是____。

A. IP 地址在 Internet 上是唯一的

B. IP 地址由 32 位十进制数组成

C. IP 地址是 Internet 上主机的数字标识

D. IP 地址指出了该计算机连接到哪个网络上

21. 计算机网络的主要目标是____。

A. 分布处理　B. 将多台计算机连接起来

C. 提高计算机可靠性　D. 共享软件、硬件和数据资源

22. 浏览 Web 网站必须使用浏览器，目前常用的浏览器是____。

A. Hotmail　B. Outlook Express

C. Inter Exchange　D. Internet Explorer

23. ____是一个局域网与另一个局域网之间建立连接的桥梁。

A. 中继器　B. 网关　C. 集成器　D. 网桥

24. 一台家用微机要上 Internet 必须安装____协议。

A. TCP/IP　B. IEEE802.2　C. X.25　D. IPX/SPX

25. 通常一台计算机要接入互联网应安装的设备是____。

A. 网络操作系统　B. 调制解调器或网卡

C. 网络查询工具　D. 游戏卡

26. www.google.com 是一个____网站。

A. 新闻　B. 搜索　C. 综合　D. 游戏

27. ChinaNet 是____的简称。

A. 中国科技网　B. 中国公用计算机互联网

C. 中国教育和科研网　D. 中国公众多媒体通信网

28. Internet 上的服务都是基于某一种协议，Web 服务是基于____协议。

A. SNMP　B. SMTP　C. HTTP　D. TELNET

29. 根据____,病毒可以划分为网络病毒、文件病毒和引导型病毒。
    A. 病毒存在的媒体 B. 病毒传染的方法
    C. 病毒破坏的能力 D. 病毒的算法
30. 超文本的含义是____。
    A. 该文本有链接到其他文本的链接点 B. 该文本包含有图像
    C. 该文本包含有声音 D. 该文本包含有二进制字符
31. IP 的中文含义是____。
    A. 程序资源 B. 信息协议 C. 软件资源 D. 文件资源
32. 已知接入 Internet 的计算机用户名为 KSB,而连接的邮件服务器域名为 jxu. edu. cn,则相应的 E-mail 地址应为____。
    A. KSB@jxu. edu. cn B. OKSB. jxu. edu. cn
    C. KSB. jxu. edu. cn D. jxu. edu. cn. KSB
33. Internet 采用域名地址是因为____。
    A. 一台主机必须用域名地址标识
    B. IP 地址不便记忆
    C. IP 地址不能唯一标识一台主机
    D. 一台主机必须用 IP 地址和域名地址共同标识
34. WWW 的超链接中定位信息的位置使用的是____。
    A. 超文本(hypertext)技术 B. 统一资源定位符(URL)
    C. 超媒体(hypermedia)技术 D. 超文本标识语言 HTML
35. 一般情况下,校园网属于____。
    A. LAN B. WAN C. MAN D. GAN
36. IE 是目前流行的浏览器软件,其主要功能之一是浏览____。
    A. 文本文件 B. 图像文件 C. 多媒体文件 D. 网页文件
37. 要在 Internet 上实现电子邮件,所有用户都必须连接到____,它们之间再通过 Internet 相连。
    A. 本地电信局 B. E-mail 服务器
    C. 本地主机 D. 全国 E-mail 服务中心
38. 电子邮件地址格式为:username@hostname,其中 hostname 为____。
    A. 用户地址名 B. ISP 某台主机的域名
    C. 某公司名 D. 某国家名
39. 以下不属于计算机病毒的特点的是____。
    A. 破坏性 B. 传染性 C. 周期性 D. 潜伏性
40. CERNET 是____的简称。
    A. 中国科技网 B. 中国公用计算机互联网
    C. 中国教育和科研网 D. 中国公众多媒体通信网
41. 计算机网络按其覆盖的范围,可划分为____。
    A. 以太网和移动通信网 B. 电路交换网和分组交换网

C. 局域网、城域网和广域网　　D. 星型结构、环型结构和总线结构

42. 下列域名中，表示教育机构的是____。
A. ftp. bta. net. cn　　B. ftp. cnc. ac. cn
C. www. ioa. ac. cn　　D. www. buaa. edu. cn

43. 统一资源定位符 URL 的格式是____。
A. 协议://IP 地址或域名/路径/文件名　　B. 协议://路径/文件名
C. TCP/IP 协议　　D. http 协议

44. 下列各项中，非法的 IP 地址是____。
A. 126.96.2.6　　B. 190.256.38.8　　C. 203.113.7.15　　D. 203.226.1.68

45. Internet 在中国被称为因特网或____。
A. 网中网　　B. 国际互联网
C. 国际联网　　D. 计算机网络系统

46. 电子邮件是 Internet 应用最广泛的服务项目，通常采用的传输协议是____。
A. SMTP　　B. TCP/IP　　C. CSMA/CD　　D. IPX/SPX

47. ____是指连入网络的不同档次、不同型号的微机，它是网络中实际为用户操作的工作平台，它通过插在微机上的网卡和连接电缆与网络服务器相连。
A. 网络工作站　　B. 网络服务器　　C. 传输介质　　D. 网络操作系统

48. 当个人计算机以拨号方式接入 Internet 网时，必须使用的设备是____。
A. 网卡　　B. 调制解调器(Modem)
C. 电话机　　D. 浏览器软件

49. 通过 Internet 发送或接收电子邮件(E-mail)的首要条件是应该有一个电子邮件地址，它的正确形式是____。
A. 用户名@域名　　B. 用户名#域名　　C. 用户名/域名　　D. 用户名. 域名

50. 目前网络传输介质中传输速率最高的是____。
A. 双绞线　　B. 同轴电缆　　C. 光缆　　D. 电话线

51. 在下列四项中，不属于 OSI(开放系统互联)参考模型 7 个层次的是____。
A. 会话层　　B. 数据链路层　　C. 应用层　　D. 用户层

52. ____是网络的心脏，它提供了网络最基本的核心功能，如网络文件系统、存储器的管理和调度等。
A. 服务器　　B. 工作站　　C. 服务器操作系统　　D. 通信协议

53. 计算机网络大体上由两部分组成，它们是通信子网和____。
A. 局域网　　B. 计算机　　C. 资源子网　　D. 数据传输介质

54. 传输速率的单位是 bps，表示____。
A. 帧/秒　　B. 文件/秒　　C. 位/秒　　D. 米/秒

55. 在 Internet 主机域名结构中，下面子域____代表商业组织结构。
A. com　　B. edu　　C. gov　　D. org

56. 一个局域网，其网络硬件主要包括服务器、工作站、网卡和____等。
A. 计算机　　B. 网络协议　　C. 网络操作系统　　D. 传输介质

57. 关于电子邮件，下列说法中错误的是____。

A. 发送电子邮件需要 E-mail 软件支持　B. 发件人必须有自己的 E-mail 账号

C. 收件人必须有自己的邮政编码　D. 必须知道收件人的 E-mail 地址

58. 邮件中插入的链接，下列说法中正确的是____。

A. 链接是指将约定的设备用线路连通　B. 链接将指定的文件与当前文件合并

C. 点击链接就会转向链接指向的地方　D. 链接为发送电子邮件做好准备

59. 下列各项中，不能作为域名的是____。

A. www，bit. edu. cn　B. ftp. buaa. edu. cn

C. www. aaa. edu. cn　D. www. lnu. edu. cn

60. OSI（开放系统互联）参考模型的最底层是____。

A. 传输层　B. 物理层　C. 网络层　D. 应用层

61. 下列属于微机网络所特有的设备是____。

A. 显示器　B. UPS 电源　C. 服务器　D. 鼠标

62. 与 Internet 相连的计算机，不管是大型的还是小型的，都称为____。

A. 工作站　B. 主机　C. 服务器　D. 客户机

63. 计算机网络不具备____功能。

A. 传送语音　B. 发送邮件　C. 传送物品　D. 共享信息

64. 在计算机网络中，通常把提供并管理共享资源的计算机称为____。

A. 服务器　B. 工作站　C. 网关　D. 网桥

65. 下列四项内容中，不属于 Internet（因特网）基本功能的是____。

A. 电子邮件　B. 文件传输　C. 远程登录　D. 实时监测控制

66. 域名中的后缀. gov 表示机构所属类型为____。

A. 军事机构　B. 政府机构　C. 教育机构　D. 商业公司

67. OSI 参考模型的最高层是____。

A. 表示层　B. 网络层　C. 应用层　D. 会话层

68. 接入 Internet 并且支持 FTP 协议的两台计算机，对于它们之间的文件传输，下列说法正确的是____。

A. 只能传输文本文件　B. 不能传输图形文件

C. 所有文件均能传输　D. 只能传输几种类型的文件

69. OSI 参考模型有 7 个层次。下列 4 个层次中最高的是____。

A. 表示层　B. 网络层　C. 会话层　D. 物理层

70. 网卡的主要功能不包括____。

A. 将计算机连接到通信介质上　B. 进行电信号匹配

C. 实现数据传输　D. 网络互联

71. 根据____将网络划分为广域网（WAN）、城域网（MAN）和局域网（LAN）。

A. 接入的计算机多少　B. 接入的计算机类型

C. 拓扑类型　D. 地理范围

72. 目前世界上最大的计算机互联网络是____。

A. ARPA 网　B. IBM 网　C. Internet　D. Intranet

73. 在 OSI 参考模型的分层结构中"会话层"属第____层。

A. 1　B. 3　C. 5　D. 7

74. 下列 4 项中，合法的 IP 地址是____。

A. 210.45.233　B. 202.38.64.4

C. 101.3.305.77　D. 115,123,20,245

75. 下列 4 项中，合法的电子邮件地址是____。

A. Zhou-em. hxing. com. cn　B. Em. hxing. com，cn-zhou

C. Em. hxing. com. cn@zhou　D. zhou@em. hxing. com. cn

76. 以下单词代表远程登录的是____。

A. WWW　B. FTP　C. Gopher　D. Telnet

77. 用户要想在网上查询 WWW 信息，须安装并运行的软件是____。

A. HTTP　B. Yahoo　C. 浏览器　D. 万维网

78. 下列 4 项中，不属于互联网的是____。

A. CHINANET　B. Novell 网　C. CERNET　D. Internet

79. 衡量网络上数据传输速率的单位是 bps，其含义是____。

A. 信号每秒传输多少公里　B. 信号每秒传输多少字节

C. 每秒传送多少个二进制位　D. 每秒传送多少个数据

80. 目前，局域网的传输介质(媒体)主要是同轴电缆、双绞线和____。

A. 通信卫星　B. 公共数据网　C. 电话线　D. 光纤

81. 计算机网络术语中，WAN 的中文意义是____。

A. 以太网　B. 广域网　C. 互联网　D. 局域网

82. TCP/IP 是一组____。

A. 局域网技术

B. 广域网技术

C. 支持同一种计算机(网络)互联的通信协议

D. 支持异种计算机(网络)互联的通信协议

83. 因特网上主机的域名由____部分组成。

A. 3　B. 4　C. 5　D. 若干(不限)

84. 下列 4 项里，____不是因特网的最高层域名。

A. Edu　B. www　C. Gov　D. Cn

85. 目前在 Internet 网上提供的主要应用功能有电子信函(电子邮件)、WWW 浏览、远程登录和____。

A. 文件传输　B. 协议转换　C. 光盘检索　D. 电子图书馆

86. OSI 的中文含义是____。

A. 网络通信协议　B. 国家住处基础设施

C. 开放系统互联　D. 公共数据通信网

87. 局域网常用的基本拓扑结构有____、环型和星型。

A. 层次型　B. 总线型　C. 交换型　D. 分组型

88. OSI 的七层模型中,最底下的____层主要通过硬件来实现。

A. 1　B. 2　C. 3　D. 4

89. 网上“黑客”是指____的人。

A. 总在晚上上网　B. 匿名上网

C. 不花钱上网　D. 在网上私闯他人计算机系统

90. 衡量网络上数据传输速率的单位是每秒传送多少个二进制位,记为____。

A. bps　B. OSI　C. Modem　D. TCP/IP

91. 一座办公楼内各个办公室中的微机进行联网,这个网络属于____。

A. WAN　B. LAN　C. MAN　D. GAN

92. 因特网中的 IP 地址由 4 个字节组成,每个字节之间用____符号分开。

A. 、　B. ,　C. ;　D. .

93. 两台计算机利用电话线路传输数据信号时必备的设备是____。

A. 网卡　B. Modem　C. 中继器　D. 同轴电缆

94. 能实现不同的网络层协议转换功能的互联设备是____。

A. 集线器　B. 交换机　C. 路由器　D. 网桥

95. WWW 是 Internet 上的一种____。

A. 浏览器　B. 协议　C. 协议集　D. 服务

96. 在 OSI 七层结构模型中,处于数据链路层与传输层之间的是____。

A. 物理层　B. 网络层　C. 会话层　D. 表示层

97. 计算机病毒是指____。

A. 带细菌的磁盘　B. 已损坏的磁盘

C. 具有破坏性的特制程序　D. 被破坏了的程序

98. 以下关于病毒的描述中,不正确的说法是____。

A. 对于病毒,最好的方法是采取“预防为主”的方针

B. 杀毒软件可以抵御或清除所有病毒

C. 恶意传播计算机病毒可能会是犯罪

D. 计算机病毒都是人为制造的

99. 下列属于计算机病毒特征的是____。

A. 模糊性　B. 高速性　C. 传染性　D. 危急性

100. 目前使用的杀毒软件,能够____。

A. 检查计算机是否感染了某些病毒,如有感染,可以清除其中一些病毒

B. 检查计算机是否感染了任何病毒,如有感染,可以清除其中一些病毒

C. 检查计算机是否感染了病毒,如有感染,可以清除所有的病毒

D. 防止任何病毒再对计算机进行侵害

习题八　多媒体技术基础

简述题

1. 什么是多媒体？多媒体的关键技术包括哪些？
2. 简述超文本与超媒体的概念。
3. 多媒体技术的产生和发展过程是怎样的？
4. 多媒体有哪些应用领域？列举一些多媒体应用的例子。
5. 在多媒体音频技术中所使用的采样和量化分别表示什么？
6. 多媒体声音文件的主要格式有哪几种？各有什么特点？
7. 列举出4种以上的静态图像文件格式和动态图像文件格式，简述其适用范围。
8. 为什么要进行数据压缩？数据压缩有哪几种基本类型？
9. 简述多媒体创作工具的功能种类。
10. 简述如何选择多媒体创作工具？

习题九 数据库技术基础

选择题

1. 数据库数据具有永久存储、有组织和____3个基本特点。
   A. 独立性高 B. 结构化 C. 可共享 D. 冗余低
2. ____是位于用户与操作系统之间的一层数据管理软件。
   A. 数据库管理系统 B. 数据库 C. 数据库系统 D. 应用系统
3. 数据库系统是由硬件、软件、____和用户4部分构成整体。
   A. 数据 B. 数据库 C. DBMS D. 数据库管理系统
4. 数据管理经历了____个发展阶段。
   A. 2 B. 3 C. 4 D. 5
5. 数据库系统阶段的重要特点之一是数据由____统一管理和控制。
   A. DB B. DBS C. DBA D. DBMS
6. 常用的数据模型有3种:层次模型、网状模型和____。
   A. 关系模型 B. 对象模型 C. 面向对象模型 D. 其他
7. 关系模型是把存放在数据库中的数据和它们之间的联系看做是一张____。
   A. 图 B. 二维表 C. 三维表 D. N维表
8. 数据库系统通常采用____级模式结构。
   A. 二 B. 三 C. 四 D. 五
9. 数据库系统的三级模式结构是指数据库系统是由外模式、____、内模式这三级模式构成的。
   A. 用户模式 B. 子模式 C. 存储模式 D. 模式
10. 模式也称____。
    A. 逻辑模式 B. 存储模式 C. 用户模式 D. 子模式
11. 内模式也称____。
    A. 逻辑模式 B. 存储模式 C. 用户模式 D. 子模式
12. 外模式/模式映像保证了数据库数据的____。
    A. 物理独立性 B. 逻辑独立性 C. 两者都是 D. 两者都不是
13. 决定数据库中的信息内容和结构是____的任务。
    A. 数据库设计人员 B. 系统分析员 C. 数据库管理员 D. 程序员
14. 数据库系统的发展经历了____个阶段。
    A. 2 B. 3 C. 4 D. 5
15. 第一代数据库系统采用的数据模型是____模型。
    A. 层次和网状 B. 关系 C. 对象 D. 面向对象

16. 第二代数据库系统采用的数据模型是____模型。

A. 层次和网状　B. 关系　C. 对象　D. 面向对象

17. 第三代数据库系统采用的数据模型是____模型。

A. 层次和网状　B. 关系　C. 对象　D. 面向对象

18. 当前推动数据库发展最主要的驱动力是____。

A. 自然科学　B. 相关技术的成熟　C. Internet　D. 其他

习题十　计算机维护与常用工具软件

一、选择题

1. 一般来说，硬盘分区遵循____的次序原则，而删除分区则相反。
   A. 逻辑分区、扩展分区、主分区　B. 扩展分区、主分区、逻辑分区
   C. 扩展分区、逻辑分区、主分区　D. 主分区、扩展分区、逻辑分区
2. 暴风影音属于____常用工具软件。
   A. 系统类　B. 多媒体类　C. 网络类　D. 图像类
3. 主板上有一组跳线叫 RESET SW，其含义是____。
   A. 速度指示灯　B. 复位键开关　C. 电源开关　D. 电源指示灯
4. 为了避免人体静电损坏微机部件，在维修时可采用____来释放静电。
   A. 电笔　B. 防静电手套　C. 钳子　D. 螺丝刀
5. 计算机的理想环境温度是____。
   A. −5～20℃　B. 0～42℃　C. 10～35℃　D. −10～35℃
6. 下列功能中，哪一项是 ACDSee 所不具备的____。
   A. 图片浏览　B. 图片裁剪　C. 图片转换　D. 动画制作
7. 以下软件中，属于压缩软件的是____。
   A. WinRAR　B. RealPlayer　C. BitComet　D. ACDSee
8. 以下对压缩软件的描述，不正确的是____。
   A. 通过数据压缩，便于文件的传输
   B. 数据压缩为文件的传输节省了时间
   C. 通过数据压缩，可以节约存储成本
   D. 计算机中的程序压缩都采用有损压缩方式进行压缩
9. 下列对 PartitionMagic 的描述，不正确的是____。
   A. PartitionMagic 又称硬盘分区魔术师
   B. PartitionMagic 不能识别 NTFS 文件系统
   C. 使用 PartitionMagic 可在不删除原有文件的情况下调整分区容量
   D. 使用 PartitionMagic 可对分区进行合并
10. 下列不属于图像处理软件 ACDSee 在处理图片时的主要功能是____。
    A. 去除红眼　B. 剪切图像　C. 曝光调整　D. 制作动态效果
11. 为了防止重要的文件被轻易窃取，WinRAR 通过____操作来保护文件。
    A. 快速压缩　B. 设置密码　C. 分卷压缩　D. 解压到指定文件夹
12. Ghost 是一款____。
    A. 杀毒软件　B. 音频软件　C. 图像处理软件　D. 备份软件

13. PartitionMagic 是一款____工具。
A. 杀毒软件 B. 硬盘分区 C. 播放器 D. 浏览器
14. 下列不属于图像处理软件 ACDSee 主要的功能是____。
A. 编辑图片 B. 浏览图片 C. 管理图片 D. 创建图片
15. PartitionMagic 提供了丰富的分区任务,下列____不属于它的主要任务。
A. 创建新分区 B. 调整分区大小 C. 合并分区 D. 分区分类
16. 在应用 PartitionMagic 进行任何硬盘操作前,请先将涉及操作过程的部分进行____,否则数据资料很可能会被破坏。
A. 资料备份 B. 数据排序 C. 分区碎片整理 D. 磁盘检查
17. 除了. rar 和. zip 格式的文件外,WinRAR 还可为其他格式的文件解压缩,还可以创建____。
A. 文本 B. BMP C. 自解压可执行文件 D. DOC
18. Ghost 镜像文件的扩展名是____。
A. . exe B. . doc C. . gho D. . mpeg
19. 下列软件中不属于系统类工具的是____。
A. SSreader B. PartitionMagic C. Ghost D. EasyRecovery
20. 基于 P2P 技术的下载软件采用了多点对多点的传输原理,同时间____。
A. 下载的人数越少,下载的速度越快 B. 下载的人数越多,下载的速度越快
C. 下载的人数越多,下载的速度越慢 D. 下载的人数与速度没有关系
21. 下列杀毒软件中哪一个是国外的____。
A. 瑞星 B. 江民 C. 卡巴斯基 D. 微点
22. 下列软件属于文件下载的是____。
A. WinRAR B. 迅雷 C. Ghost D. CAJViewer
23. 下列文件格式中属于视频文件的是____。
A. MP3 B. PDF C. RMVB D. GHO
24. 下列哪一个是具有播放、转换、歌词等众多功能的音乐播放软件____。
A. SSreader B. Google C. 千千静听 D. BitComet
25. 计算机开机时的顺序,一般应该____。
A. 先开外部设备,再开主机 B. 先开主机,再开外部设备
C. 没有顺序 D. 先开主机,再开显示器

二、连线题

PPTV	音频播放
ACDSee	浏览网页
Acrobat Reader	电子文档阅读
Internet Explorer	图片管理
千千静听	视频播放

三、简述题

1. 简述计算机硬件的组装过程。
2. 简述驱动程序的作用。
3. 和使用 Fdisk 命令相比，使用 PQMagic 进行合并分区有什么优点？
4. 分析网络下载工具迅雷、BitComet 和 eMule 的异同。

参考答案

习题一　绪论

01—05:CCCDC
06—10:DBDAD
11—15:CDBBB
16—20:CBBDA
21—25:BCBDB
26—30:BBCAB
31—35:ACBBD
36—40:CBBAA
41—45:CDCCC

习题二　计算机系统

一、选择题

01—05:DCDDB
06—10:CDABD
11—15:BBDCC
16—20:CDDAB
21—25:CCACB
26—30:DBABD
31—35:CCCCA
36—40:ACBCD
41—45:ADAAB
46—50:CCDBC

二、填空题

1. 字长
2. 高速缓冲存储器
3. 编译、解释
4. 操作码、操作数
5. 系统软件、应用软件
6. 内存
7. CPU、内存
8. 处理器或 CPU、百万条指令/秒
9. 存储程序和程序控制
10. 12.5

习题三　操作系统及其使用

01—05:DDACD
06—10:BCBDB
11—15:ACADC
16—20:CDBDB
21—25:CBBBB
26—30:DABAB
31—35:BBAAA
36—40:DACCC
51—55:ACDDD
56—60:BCDDB
61—65:DADBB
66—70:BCCBA
71—75:BBBAA
76—80:DBBDA
81—85:ABCDD
86—90:ACCBA

41—45:BBBCA
46—50:CCCBC
91—95:ACBBC
96—100:CAADB

习题四 Microsoft Word 2010

01—05:DDAAC
06—10:DCDBD
11—15:AABCB
16—20:BBCBD
21—25:CABAA
26—30:ACCDA
31—35:ACBCD
36—40:DCDCA
41—45:BCACA
46—50:BAAAC
51—55:BDAAC
56—60:CBDAC
61—65:AABBA
66—70:BAABC
71—75:BCACD
76—80:ADCBA
81—85:ABABA
86—90:BCDBD
91—95:CDBCC
96—100:DCADD

习题五 Microsoft Excel 2010

01—05:CDCCC
06—10:CBBDB
11—15:ACBDD
16—20:DDACD
21—25:BCCDC
26—30:DDACB
31—35:BCAAA
36—40:DDDBA
41—45:CDAAB
46—50:BDDDB
51—55:AABDC
56—60:CDDDC
61—65:BDBBD
66—70:CDCBC
71—75:ADDAA
76—80:AABAC
81—85:ACCDD
86—90:DBBAD
91—95:CDDDD
96—100:DCABB

习题六 Microsoft PowerPoint 2010

01—05:CAABD
06—10:BCDDD
11—15:ACBCD
16—20:BCDCC
21—25:CAACC
26—30:CCDBD
31—35:BBBCD
36—40:CDDBC
41—45:ADCBA
46—50:BDDCC

习题七　计算机网络基础

01—05:CACDB
06—10:ACACA
11—15:DBBCB
16—20:ACBCB
21—25:DDDAB
26—30: BBCAA
31—35: BABBA
36—40: DABCC
41—45:CDABB
46—50: AABAC
51—55: DCCCA
56—60: DCCAB
61—65: CACAD
66—70: BCCAD
71—75: DCCBD
76—80: DCBCD
81—85: BDBBA
86—90: CBCDA
91—95: BDBCD
96—100:BCBCA

习题八　多媒体技术基础(略)

习题九　数据库技术基础

01—05:CABBD
06—10:ABBDA
11—15:BBCBA
16—18: BDC

习题十　计算机维护与常用工具软件

01—05:DBBBC
06—10:DADBD
11—15:BDBDD
16—20:ACCAB
21—25:CBCCA

第三部分　模拟试卷

全国计算机等级考试一级 MS Office 考试大纲

基本要求

1. 具有使用微型计算机的基础知识(包括计算机病毒的防治常识)。
2. 了解微型计算机系统的组成和各组成部分的功能。
3. 了解操作系统的基本功能和作用,掌握 Windows 的基本操作和应用。
4. 了解文字处理的基本知识,掌握 Word 输入方法,熟练掌握一种汉字(键盘)输入方法。
5. 了解电子表格软件基本知识,掌握 Excel 的基本操作和应用。
6. 了解演示文稿的基本知识,掌握 PowerPoint 的基本操作和应用。
7. 了解计算机网络的基本概念和因特网(Internet)的初步知识,掌握 IE 浏览器软件和 Outlook Express 软件的基本操作和使用。

考试内容

一、基础知识

1. 计算机的概念、类型及其应用领域,计算机系统的配置及主要技术指标。
2. 数制的概念,二进制整数与十进制整数之间的转换。
3. 计算机的数据与编码。数据的存储单位(位、字节、字),西文字符与 ASCII 码,汉字及其编码(国标码)的基本概念。
4. 计算机的安全操作,病毒的概念及其防治。

二、微型计算机系统的组成

1. 计算机硬件系统的组成和功能:CPU、存储器(ROM,RAM)以及常用的输入输出设备的功能。
2. 计算机软件系统的组成和功能:系统软件和应用软件,程序设计语言(机器语言、汇编语言、高级语言)的概念。
3. 多媒体计算机系统的初步知识。

三、操作系统的功能和使用

1. 操作系统的基本概念、功能、组成和分类(DOS,Windows,UNIX,Linux)。
2. Windows 操作系统的基本概念和常用术语,文件、文件名、目录(文件夹)、目录(文件夹)树和路径等。
3. Windows 操作系统的基本操作和应用。

(1)Windows 概述、特点和功能、配置和运行环境。

(2)Windows【开始】按钮、“任务栏”、“菜单”、“ 图标”等的使用。

(3)应用程序的运行和退出。

(4)掌握资源管理系统“计算机”或“资源管理器”的操作与应用。文件和文件夹的创建、移动、复制、删除、更名、查找、打印和属性设置。

(5)软盘格式化和整盘复制,磁盘属性的查看等操作。

(6)中文输入法的安装、删除和选用。

(7)在 Windows 环境下,使用中文 DOS 方式。

(8)快捷方式的设置和使用。

四、字表处理软件的功能和使用

1. 字表处理软件的基本概念,中文 Word 的基本功能、运行环境、启动和退出。
2. 文档的创建,打开和基本编辑操作,文本的查找与替换,多窗口和多文档的编辑。
3. 文档的保存、保护、复制、删除、插入和打印。
4. 字体格式、段落格式和页面格式等文档编排的基本操作,页面设置和打印预览。
5. Word 的对象操作:对象的概念及种类,图形、图像对象的编辑,文本框的使用。
6. Word 的表格制作功能:表格的创建,表格中数据的输入与编辑,数据的排序和计算。

五、电子表格软件的功能和使用

1. 电子表格的基本概念,中文 Excel 的功能、运行环境、启动和退出。
2. 工作簿和工作表的基本概念,工作表的创建、数据输入、编辑和排版。
3. 工作表的插入、复制、移动、更名、保存和保护等基本操作。
4. 单元格的绝对地址和相对地址的概念,工作表中公式的输入与常用函数的使用。
5. 数据清单的概念,记录单的使用,记录的排序、筛选、查找和分类汇总。
6. 图表的创建和格式设置。
7. 工作表的页面设置、打印预览和打印。

六、电子演示文稿制作软件的功能和使用

1. 中文 PowerPoint 的功能、运行环境、启动和退出。
2. 演示文稿的创建、打开和保存。
3. 演示文稿视图的使用,幻灯片的制作、文字编排、图片和图表插入及模板的选用。
4. 幻灯片的手稿和删除,演示顺序的,多媒体对象的插入,演示文稿的打包和改变,幻灯片格式的设置,幻灯片放映效果的设置打印。

七、因特网(Internet) 的初步知识和使用

1. 计算机网络的概念和分类。
2. 因特网的基本概念和接入方式。
3. 因特网的简单应用:拨号连接、浏览器(IE 6.0)的使用,电子邮件的收发和搜索引擎的

使用。

考试方式

1. 无纸，全上机操作。考试时间：90 分钟。
2. 软件环境：操作系统：Windows 2000；办公软件：Microsoft Office 2000。
3. 在指定时间内，使用微机完成下列各项操作。
   (1)选择题(计算机基础知识和网络的基本知识)。(20 分)
   (2)汉字录入能力测试(录入 150 个汉字，限时 10 分钟)。(10 分)
   (3)Windows 的使用。(10 分)
   (4)Word 操作。(25 分)
   (5)Excel 操作。(15 分)
   (6)PowerPoint 操作。(10 分)
   (7)Internet 的拨号连接、浏览器(IE6)的简单使用和电子邮件(E-mail)收发。(10 分)

软件环境

操作系统：中文版 Windows 2000。
浏览器软件：中文版 Microsoft IE 6.0(包括 Outlook Express 6.0)。
办公软件：中文版 MS Office 2000 并选择典型安装。
汉字输入软件：应具备全拼、双拼、五笔字型、智能 ABC 等汉字输入法。

考试时间

全国计算机等级考试一级 MS Office 的时间定为 90 分钟。考试时间由系统自动进行计时，提前 5 分钟自动报警来提醒考生应及时存盘，考试时间用完，系统将自动锁定计算机，考生将不能再继续考试。

一级 MS Office 中只有汉字录入考试具有时间限制，必须在 10 分钟内完成，汉字录入系统自动计时，计时结束后自动存盘退出，此时考生不能再继续进行汉字录入考试。

全国计算机等级考试一级 MS Office 考试(样题)

一、选择题(20 分)

1. 计算机之所以按人们的意志自动进行工作,最直接的原因是因为采用了____。
   A. 二进制数制　　B. 高速电子元件
   C. 存储程序控制　　D. 程序设计语言
2. 微型计算机主机的主要组成部分是____。
   A. 运算器和控制器　　B. CPU 和内存储器
   C. CPU 和硬盘存储器　　D. CPU、内存储器和硬盘
3. 一个完整的计算机系统应该包括____。
   A. 主机、键盘和显示器　　B. 硬件系统和软件系统
   C. 主机和其他外部设备　　D. 系统软件和应用软件
4. 计算机软件系统包括____。
   A. 系统软件和应用软件　　B. 编译系统和应用系统
   C. 数据库管理系统和数据库　　D. 程序、相应的数据和文档
5. 微型计算机中,控制器的基本功能是____。
   A. 进行算术和逻辑运算　　B. 存储各种控制信息
   C. 保持各种控制状态　　D. 控制计算机各部件协调一致地工作
6. 计算机操作系统的作用是____。
   A. 管理计算机系统的全部软、硬件资源,合理组织计算机的工作流程,以达到充分发挥计算机资源的效率,为用户提供使用计算机的友好界面
   B. 对用户存储的文件进行管理,方便用户
   C. 执行用户键入的各类命令
   D. 为汉字操作系统提供运行基础
7. 计算机的硬件主要包括中央处理器(CPU)、存储器、输出设备和____。
   A. 键盘　　B. 鼠标　　C. 输入设备　　D. 显示器
8. 下列个组设备中,完全属于外部设备的一组是____。
   A. 内存储器、磁盘和打印机　　B. CPU、软盘驱动器和 RAM
   C. CPU、显示器和键盘　　D. 硬盘、软盘驱动器、键盘
9. 五笔字型码输入法属于____。
   A. 音码输入法　　B. 形码输入法
   C. 音形结合输入法　　D. 联想输入法
10. 一个 GB2312 编码字符集中的汉字的机内码长度是____。
   A. 32 位　　B. 24 位　　C. 16 位　　D. 8 位

11. RAM 的特点是____。
    A. 断电后,存储在其内的数据将会丢失
    B. 存储在其内的数据将永久保存
    A. 用户只能读出数据,但不能随机写入数据
    D. 容量大但存取速度慢
12. 计算机存储器中,组成一个字节的二进制位数是____。
    A. 4　　B. 8　　C. 16　　D. 32
13. 微型计算机硬件系统中最核心的部件是____。
    A. 硬盘　　B. I/O 设备　　C. 内存储器　　D. CPU
14. 无符号二进制整数 10111 转变成十进制整数,其值是____。
    A. 17　　B. 19　　C. 21　　D. 23
15. 一条计算机指令中,通常包含____。
    A. 数据和字符　　B. 操作码和操作数
    C. 运算符和数据　　D. 被运算数和结果
16. kB(千字节)是度量存储器容量大小的常用单位之一,1 KB 实际等于____。
    A. 1000 个字节　　B. 1024 个字节　　C. 1000 个二进位　　D. 1024 个字
17. 计算机病毒破坏的主要对象是____。
    A. 磁盘片　　B. 磁盘驱动器　　C. CPU　　D. 程序和数据
18. 下列叙述中,正确的是____。
    A. CPU 能直接读取硬盘上的数据
    B. CPU 能直接存取内存储器中的数据
    C. CPU 由存储器和控制器组成
    D. CPU 主要用来存储程序和数据
19. 在计算机技术指标中,MIPS 用来描述计算机的____。
    A. 运算速度　　B. 时钟主频　　C. 存储容量　　D. 字长
20. 局域网的英文缩写是____。
    A. WAM　　B. LAN　　C. MAN　　D. Internet

二、汉字录入(10 分)

录入下列文字,方法不限,限时 10 分钟。

[文字开始]

万维网(World Wide Web 简称 Web)的普及促使人们思考教育事业的前景,尤其是在能够充分利用 Web 的条件下计算机科学教育的前景。有很多把 Web 有效地应用于教育的例子,但也有很多误解和误用。例如,有人认为只要在 Web 上发布信息让用户通过 Internet 访问就万事大吉了,这种简单的想法具有严重的缺陷。有人说 Web 技术将会取代教师从而导致教育机构的消失。

[文字结束]

三、Windows 的基本操作(10 分)

1. 在考生文件夹下创建一个 BOOK 新文件夹。
2. 将考生文件夹下 VOTUNA 文件夹中的 boyable.doc 文件复制到同一文件夹下，并命名为 syad.doc。
3. 将考生文件夹 BENA 文件夹中的文件 PRODUCT.WRI 的“隐藏”和“只读”属性撤销，并设置为“存档”属性。
4. 将考生文件夹下 JIEGUO 文件夹中的 piacy.txt 文件移动到考生文件夹中。
5. 查找考生文件夹中的 anews.exe 文件，然后为它建立名为 RNEW 的快捷方式，并存放在考生文件夹下。

四、Word 操作题(25 分)

1. 打开考生文件夹下的 Word 文档 WD1.DOC，按要求对文档进行编辑、排版和保存。
   (1)将文中的错词“负电”更正为“浮点”。将标题段文字“浮点数的表示方法”设置为小二号楷体 GB_2312、加粗、居中、并添加黄色底纹；将正文各段文字“浮点数是指……也有符号位。”设置为五号黑体；各段落首行缩进 2 个字符，左右各缩进 5 个字符，段前间距为 2 行。
   (2)将正文第一段“浮点数是指……阶码。”中的“N＝M · RE”的“E”变为“R”的上标。
   (3)插入页眉，并输入页眉内容“第三章 浮点数”，将页眉文字设置为小五号宋体，对齐方式为“右对齐”。
2. 打开考生文件夹下的 Word 文档 WD2.DOC 文件，其内容如下。
   (1)在表格的最后增加一列，列标题为“平均成绩”；计算各考生的平均成绩插入相应的单元格内，要求保留小数 2 位；再将表格中的各行内容按“平均成绩”的递减次序进行排序。
   (2)表格列宽设置为 2.5 厘米，行高设置为 0.8 厘米；将表格设置成文字对齐方式为垂直和水平居中；表格内线设置成 0.75 实线，外框线设置成 1.5 磅实线，第 1 行标题行设置为灰色－25％的底纹；表格居中。

五、Excel 操作题(15 分)

考生文件夹有 Excel 工作表，按要求对此工作表完成如下操作。
1. 将表中各字段名的字体设为楷体、12 号、斜体字。
2. 根据公式“销售额＝各商品销售额之和”计算各季度的销售额。
3. 在合计一行中计算出各季度各种商品的销售额之和。
4. 将所有数据的显示格式设置为带千位分隔符的数值，保留两位小数。
5. 将所有记录按销售额字段升序重新排列。

六、PowerPoint 操作题(10 分)

打开考生文件夹下如下的演示文稿 yswg,按要求完成操作并保存。

1. 幻灯片前插入一张“标题”幻灯片,主标题为“什么是 21 世纪的健康人?”,副标题为“专家谈健康”;主标题文字设置:隶书、54 磅、加粗;副标题文字设置成:宋体、40 磅、倾斜;
2. 全部幻灯片用“应用设计模板”中的“Soaring”做背景;幻灯片切换用:中速、向下插入;标题和正文都设置成左侧飞入。最后预览结果并保存。

七、因特网操作题(10 分)

1. 某模拟网站的主页地址是:http://localhost/djksweb/index. htm,打开此主页,浏览“中国地理”页面,将“中国地理的自然数据”的页面内容以文本文件的格式保存到考生目录下,命名为“zrdl”。
2. 向阳光小区物业管理部门发一个 E-mail,反映自来水漏水问题。具体如下:

   【收件人】wygl@sunshine. com. bj. cn

   【抄送】

   【主题】自来水漏水

   【函件内容】小区管理负责同志:本人看到小区西草坪中的自来水管漏水已有一天了,无人处理,请你们及时修理,免得造成更大的浪费。

2011年3月全国计算机等级考试一级 MS Office 真题(一)

一、选择题

1. 计算机硬件系统主要包括中央处理器(CPU)、存储器和____。
   A. 显示器和键盘　　B. 打印机和键盘
   C. 显示器和鼠标器　　D. 输入/输出器
2. 十进制整数95转换成无符号二进制整数是____。
   A. 01011111　　B. 01100001
   C. 01011011　　D. 01100111
3. 下列叙述中,正确的是____。
   A. 用高级程序语言编写的程序称为源程序
   B. 计算机能直接识别并执行用汇编语言编写的程序
   C. 机器语言编写的程序执行效率最低
   D. 高级语言编写的程序的可移植性最差
4. 数据在计算机内部传送、处理和存储时,采用的数制是____。
   A. 十进制　　B. 二进制　　C. 八进制　　D. 十六进制
5. 调制解调器(Modem)的功能是____。
   A. 将计算机的数字信号转换成模拟信号
   B. 将模拟信号转换成计算机的数字信号
   C. 将数字信号与模拟信号互相转换
   D. 为了上网与接电话两不误
6. 世界上第一台电子数字计算机ENIAC是1946年研制成功的,其诞生的国家是____。
   A. 美国　　B. 英国　　C. 法国　　D. 瑞士
7. 当前流行的移动硬盘或优盘进行读/写利用的计算机接口是____。
   A. 串行接口　　B. 平行接口　　C. USB　　D. UBS
8. 在微型计算机内部,对汉字进行传输、处理和存储时使用汉字的____。
   A. 国标码　　B. 字形码　　C. 输入码　　D. 机内码
9. 在微机中,1 GB等于____。
   A. 1024*1024 B　B. 1024 kB　　C. 1024 MB　　D. 1000 MB
10. 在标准ASCII编码表中,数字码、小写英文字母的前后次序是____。
   A. 数字、小写英文字母、大写英文字母
   B. 小写英文字母、大写英文字母、数字
   C. 数字、大写英文字母、小写英文字母
   D. 大写英文字母、小写英文字母、数字

11. 根据域名代码规定,表示政府部门网站的域名代码是____。

A. .net　B. .com　C. .gov　D. .org

12. 在标准 ASCII 码表中,已知英文字母 A 的 ASCII 码是 01000001,英文字母 F 的 ASCII 码是____。

A. 01000011　B. 01000100　C. 01000101　D. 01000110

13. 设已知一汉字的国标码是 5E48H,则其内码应该是____。

A. DE48H　B. DEC8H　C. 5ECBH　D. 7E68H

14. 计算机系统软件中,最基本、最核心的软件是____。

A. 操作系统　B. 数据库系统

C. 程序语言处理系统　D. 系统维护工具

15. 下列度量单位中,用来度量 CPU 时钟主频的是____。

A. MB/s　B. MIPS　C. GHz　D. MB

16. 无符号二进制整数 01011010 转换成十进制数是____。

A. 80　B. 82　C. 90　D. 92

17. 计算机系统软件系统包括____。

A. 系统软件和应用软件　B. 编译系统和应用软件

C. 数据库管理系统和数据库　D. 程序和文档

18. 如果删除一个非零无符号二进制偶整数后的 2 个 0,则此数的值为原数的____。

A. 4 倍　B. 2 倍　C. 1/2　D. 1/4

19. 控制器(CU)的功能是____。

A. 指挥计算机各部件自动、协调一致地工作

B. 对数据进行算术运算或逻辑运算

C. 控制对指令的读取和译码

D. 控制数据的输入和输出

20. 英文缩写 ROM 的中文译名是____。

A. 高速缓冲存储器　B. 只读存储器

C. 随机存取存储器　D. 优盘

二、Windows 基本操作题(不限制操作的方式)

1. 将考生文件夹下 INTERDEV 文件夹中的文件 JIMING. MAP 删除。
2. 在考生文件夹中 JOSEF 文件夹中建立一个名为 MYPROG 的新文件夹。
3. 将考生文件夹下 WARM 文件夹中的文件 ZOOM. PRG 复制到考生文件夹下 BUMP 文件夹中。
4. 将考生文件夹下 SEED 文件夹中的文件 CHIRIST. AVE 设置为隐藏和只读属性。
5. 将考生文件夹下 KEN 文件夹中的文件 MONITOR. CDX 移动到考生文件夹下 KUNTER 文件夹中,并改名为 CONSOLE. CDX。

三、"字处理"操作

1. 在考生文件夹下，打开文档 WORD1. DOC，按照要求完成下列操作并以该文件名(WORD1. DOC)保存文档，如图模拟 1-1 所示。

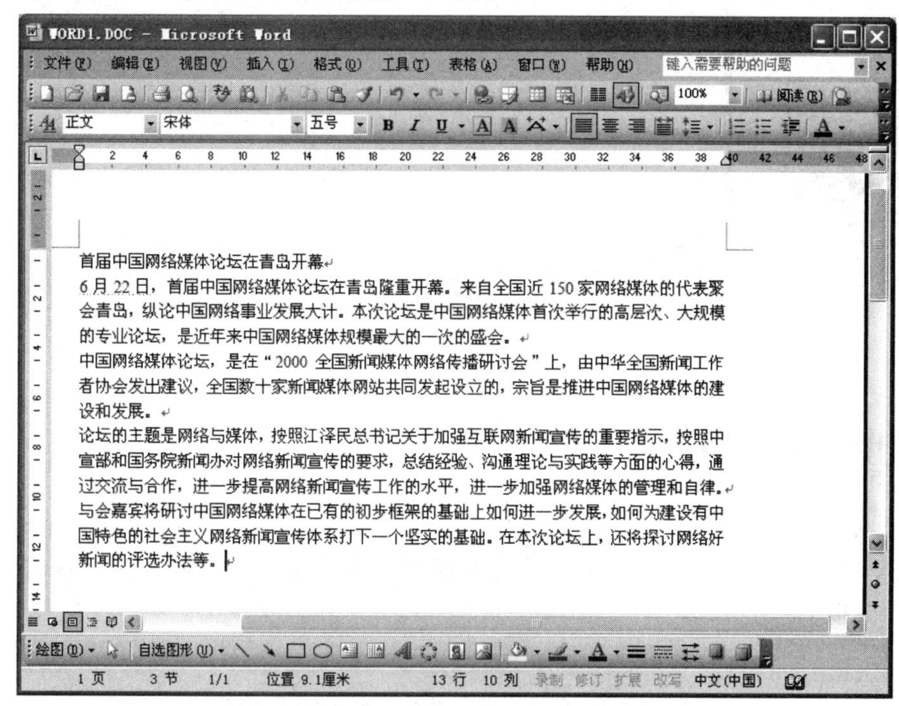

首届中国网络媒体论坛在青岛开幕

6月22日，首届中国网络媒体论坛在青岛隆重开幕。来自全国近150家网络媒体的代表聚会青岛，纵论中国网络事业发展大计。本次论坛是中国网络媒体首次举行的高层次、大规模的专业论坛，是近年来中国网络媒体规模最大的一次的盛会。

中国网络媒体论坛，是在"2000 全国新闻媒体网络传播研讨会"上，由中华全国新闻工作者协会发出建议，全国数十家新闻媒体网站共同发起设立的，宗旨是推进中国网络媒体的建设和发展。

论坛的主题是网络与媒体，按照江泽民总书记关于加强互联网新闻宣传的重要指示，按照中宣部和国务院新闻办对网络新闻宣传的要求，总结经验、沟通理论与实践等方面的心得，通过交流与合作，进一步提高网络新闻宣传工作的水平，进一步加强网络媒体的管理和自律。

与会嘉宾将研讨中国网络媒体在已有的初步框架的基础上如何进一步发展，如何为建设有中国特色的社会主义网络新闻宣传体系打下一个坚实的基础。在本次论坛上，还将探讨网络好新闻的评选办法等。

图模拟 1-1　原文档 WORD1. DOC

(1)将文中所有错词"网罗"替换为"网络"；将标题段文字"首届中国网络媒体论坛在青岛开幕"设置为三号空心黑体，红色、加粗、居中并添加波浪下划线。

文字处理操作
第一题

(2)将正文各段文字"6 月 22 日，……评选办法等。"设置 12 磅宋体；第一段首字下沉，下沉行数为 2，距正文 0.2 厘米；除第一段外的其余各段落左、右各缩进 1.5 字符，首行缩进 2 字符，段前间距 1 行。

(3)将正文第三段"论坛的主题是……"分为等宽两栏，其栏宽 17 字符。

2. 在考生文件夹下，打开文档 WORD2. DOC，按照要求完成下列操作并以该文件名(WORD2. DOC)保存文档，如图模拟 1-2 所示。

(1)在表格顶端添加一表标题"利民连锁店集团销售统计表"，并设置为小二号楷体_GB2312、加粗、居中。

(2)在表格底部插入一空行，在该行第一列的单元格中输入行标题"小计"，其余各单元格中填入该列各单元格中数据的总和。

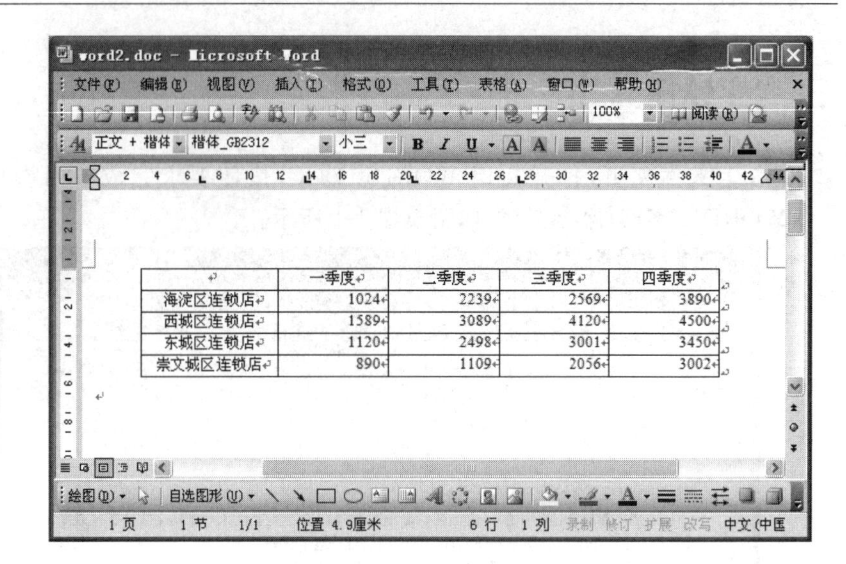

	一季度	二季度	三季度	四季度
海淀区连锁店	1024	2239	2569	3890
西城区连锁店	1589	3089	4120	4500
东城区连锁店	1120	2498	3001	3450
崇文城区连锁店	890	1109	2056	3002

文字处理操作
第二题

图模拟 1-2　原文档 WORD2.DOC

四、"电子表格"操作

1. 打开工作簿文件 EXCEL.XLS，将工作表 sheet1 的 A1:F1 单元格合并为一个单元格，内容水平居中，计算"季度平均值"列的内容，将工作表命名为"季度销售数量情况表"，如图模拟 1-3 所示。

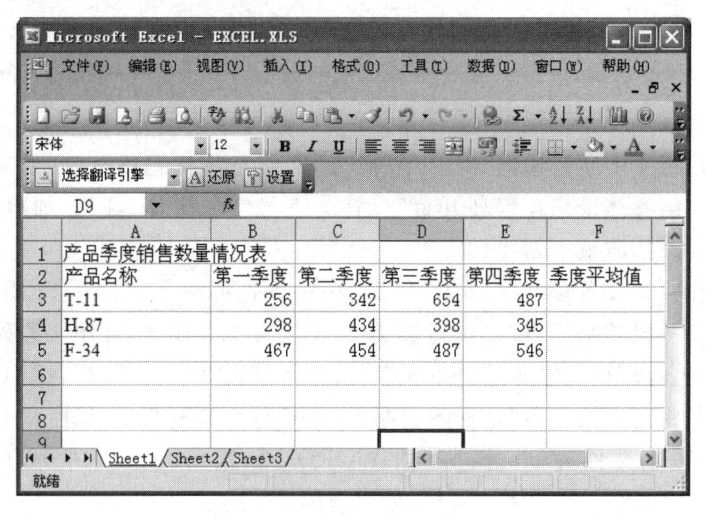

	A	B	C	D	E	F
1	产品季度销售数量情况表					
2	产品名称	第一季度	第二季度	第三季度	第四季度	季度平均值
3	T-11	256	342	654	487	
4	H-87	298	434	398	345	
5	F-34	467	454	487	546	

电子表格操作题

图模拟 1-3　原电子表格

2. 选取"季度销售数量情况表"的"产品名称"列和"季度平均值"列的单元格内容，建立"簇状柱形图"，X 轴上的项为产品名称(系列产生在"列")，图表标题为"季度销售数量情况图"，插入到表的 A7:F18 单元格区域内。

五、"演示文稿"操作

打开考生文件夹下的演示文稿 YSWG.PPT,按照下列要求完成对此文稿的修饰并保存。

1. 将第一张幻灯片版式改变为"垂直排列标题与文本",文本部分的动画效果设置为"进入""棋盘""下";然后将幻灯片移成第二张幻灯片。
2. 整个演示文稿设置成 CCONTNTH 模板;将全部幻灯片切换效果设置成"切出"。

六、上网操作

接收并阅读由 xuexq@mail.neea.edu.cn 发来的 E-mail,并按 E-mail 中的指令完成操作。

2011年3月全国计算机等级考试一级MS Office真题(二)

一、选择题

1. 根据数制的基本概念,下列各进制的整数中,值最大的一个是____。
   A. 十六进制数10　　B. 十进制数10
   C. 八进制数10　　D. 二进制数10
2. 用高级程序设计语言编写的程序称为源程序,它____。
   A. 只能在专门的机器上运行
   B. 无需编译或解释,可直接在机器上运行
   C. 可读性不好
   D. 可读性和可移植性
3. 下列的英文缩写和中文名字的对照中,正确的一个是____。
   A. URL——用户报表清单　　B. CAD——计算机辅助设计
   C. USB——不间断电源　　D. RAM——只读存储器
4. 下列说法中,正确的是____。
   A. 硬盘的容量远大于内存的容量
   B. 硬盘的盘片是可以随时更换的
   C. U盘的容量远大于硬盘的容量
   D. 硬盘安装在机箱内,它是主机的组成部分
5. 计算机病毒实际上是____。
   A. 一个完整的小程序
   B. 一段寄生在其他程序上的通过自我复制进行传染的,破坏计算机功能和数据的特殊程序
   C. 一个有逻辑错误的小程序
   D. 微生物病毒
6. 已知英文字母m的ASCII码值为6DH,那么,码值为4DH的字母是____。
   A. N　　B. M　　C. P　　D. L
7. 在因特网技术中,缩写ISP的中文全名是____。
   A. 因特网服务提供商(Internet Service Provider)
   B. 因特网服务产品(Internet Service Product)
   C. 因特网服务协议(Internet Service Protocol)
   D. 因特网服务程序(Internet Service Program)
8. 在计算机中,条码阅读器属于____。
   A. 输入设备　　B. 存储设备　　C. 输出设备　　D. 计算设备

9. 计算机操作系统是____。
   A. 一种使计算机便于操作的硬件设备　B. 计算机的操作规范
   C. 计算机系统中必不可少的系统软件　D. 对源程序进行编辑和编译的软件
10. 根据汉字国标码 GB2312-80 的规定，总计有各类符号和一、二级汉字个数是____。
    A. 6763 个　B. 7445 个　C. 3008 个　D. 3755 个
11. 在计算机网络中，英文缩写 WAN 的中文名是____。
    A. 局域网　B. 无线网　C. 广域网　D. 城域网
12. 下列世界上第一台电子计算机 ENIAC 的叙述中，错误的是____。
    A. 它是 1946 年在美国诞生的
    B. 它的主要元件是电子管和继电器
    C. 它是首次采用存储程序控制概念的计算机
    D. 它主要用于弹道计算
13. 控制器的主要功能是____。
    A. 指挥计算机各部件自动、协调地工作
    B. 对数据进行算术运算
    C. 进行逻辑判断
    D. 控制数据的输入和输出
14. 在计算机的硬件技术中，构成存储器的最小单位是____。
    A. 字节(Byte)　B. 二进制位(bit)
    C. 字(word)　D. 双字(Double Word)
15. 十进制 50 转换成无符号二进制整数是____。
    A. 0110110　B. 0110100　C. 0110010　D. 0110101
16. 一台微机性能的好坏，主要取决于____。
    A. 内存储器的容量大小　B. CPU 的性能
    C. 显示器的分辨率高低　D. 硬盘的容量
17. 五笔字型汉字输入法的编码属于____。
    A. 音码　B. 形声码　C. 区位码　D. 形码
18. 无符号二进制整数 1001111 转换成十进制是____。
    A. 79　B. 89　C. 91　D. 93
19. 对于微机用户来说，为了防止计算机意外故障而丢失重要数据，对重要数据应定期进行备份。下列移动存储器中，最不常用的一种是____。
    A. 软盘　B. USB 移动硬盘
    C. U 盘　D. 磁带
20. 下列各组软件中，完全属于系统软件的一组是____。
    A. UNIX，WPS Office 2003，MS－DOS
    B. AutoCAD，Photoshop，PowerPoint 2000
    C. Oracle，FORTAN 编译系统、系统诊断程序
    D. 物流管理程序，Sybase，Windows 2000

二、Windows 基本操作题(不限制操作方式)

1. 在考生文件夹下 JIBEN 该件夹中创建名为 A2TNBQ 的文件夹,并设置属性为隐藏。
2. 将考生文件夹下 QINZE 文件夹中的 HELP. BAS 文件复制到同一文件夹中,文件名 RHL. BAS。
3. 为考生文件夹下 PWELL 文件夹中的 BAW. EXE 文件建立名为 KBAW 的快捷方式,并存放在考生文件夹下。
4. 将考生文件夹下 RMEM 文件夹中的 PRACYL. XLS 文件移动到考生文件夹中,并改名为 RMICRO. XLS。
5. 将考生文件夹下 NADM 文件夹中的 WNINDOWS. BAK 文件删除。

三、"字处理"操作题

在考生文件夹下,打开文档 WORD1. DOC,按照要求完成下列操作并以该文件名 WORD1. DOC 保存文档,如图模拟 2-1 所示。

字处理操作题

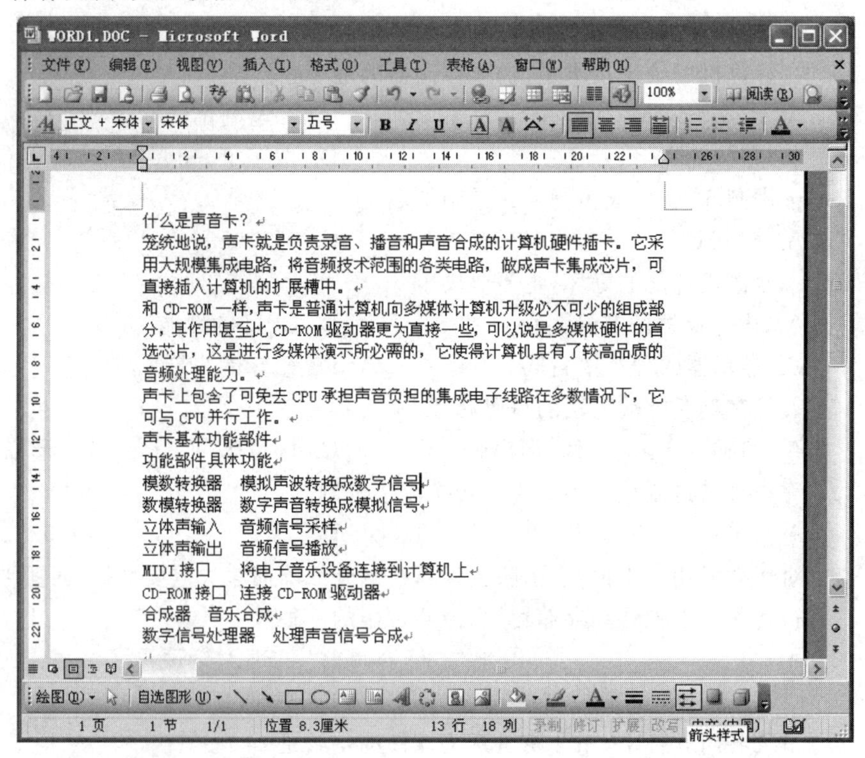
什么是声音卡?
笼统地说,声卡就是负责录音、播音和声音合成的计算机硬件插卡。它采用大规模集成电路,将音频技术范围的各类电路,做成声卡集成芯片,可直接插入计算机的扩展槽中。
和 CD-ROM 一样,声卡是普通计算机向多媒体计算机升级必不可少的组成部分,其作用甚至比 CD-ROM 驱动器更为直接一些,可以说是多媒体硬件的首选芯片,这是进行多媒体演示所必需的,它使得计算机具有了较高品质的音频处理能力。
声卡上包含了可免去 CPU 承担声音负担的集成电子线路在多数情况下,它可与 CPU 并行工作。
声卡基本功能部件
功能部件具体功能
模数转换器 模拟声波转换成数字信号
数模转换器 数字声音转换成模拟信号
立体声输入 音频信号采样
立体声输出 音频信号播放
MIDI 接口 将电子音乐设备连接到计算机上
CD-ROM 接口 连接 CD-ROM 驱动器
合成器 音乐合成
数字信号处理器 处理声音信号合成

图模拟 2-1 原文档

1. 将文中所有"声音卡"替换成"声卡"。
2. 将标题段"什么是声音卡?"设置为三号红色黑体、加黄色底纹、居中、段后间距 1 行。
3. 将正文文字"笼统地说,……可与 CPU 并行工作。"设置为小四、楷体_GB2312(西文使用中文字体)、各段落左右各缩进 1.5 字符、悬挂缩进 2 字符、1.1 倍行距。

4. 将表格标题“声音卡基本功能部件”设置为四号楷体_GB2312、居中、倾斜。
5. 将文中最后 9 行文字转换成一个 9 行 2 列的表格,表格居中、列宽 6 厘米,表格中的内容设置为五号仿宋体_GB2312(西文使用中文字体),第一行文字的对齐方式为中部居中,其余内容对齐方式为靠下两端对齐。

四、“电子表格”操作

按照题目要求完成下面的内容,具体要求如下。

电子表格操作题

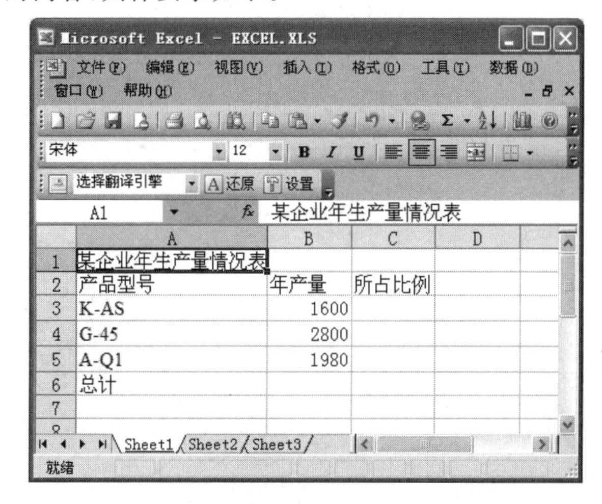

图模拟 2-2　原电子表格

1. 打开工作簿文件 EXCEL.XLS,如图模拟 2-2 所示,将工作表 sheet1 的 A1:C1 单元格合并为一个单元格,内容水平居中,计算年产量的“总计”及“所占比例”列的内容(所占比例=年产量/总计),将工作表命名为“年生产量情况表”。
2. 选取“年生产量情况表”的“产品型号”列和“所占比例”列的单元格内容(不包括“总计”行)建立“分离型圆环图”,系列产生在“列”,数据标志为“百分比”,图表标题为“年生产量情况图”,插入到表的 A8:E18 单元格区域内。

五、“演示文稿”操作

按照题目要求完成下面的内容,具体要求如下。

1. 将第三张幻灯片版式改变为“标题和文本在内容之上“,第二张幻灯片版式改变为“垂直排列标题与文本”,第一张幻灯片的动画效果设置为:“进入”“螺旋飞入”。
2. 全文幻灯片切换效果都设置成“纵向棋盘式”。第二张幻灯片背景填充纹理为“白色大理石”。

六、上网操作

某模拟网站的主页地址是:HTTP://LOCALHOST/DIKS/INDEX. HTM,打开此主页,浏览"科技小知识"页面,查找"信息的基本特点是什么?"的页面内容,并将它以文本文件的格式保存到考生目录下,命名为" xinxitd. txt"。

2011年3月全国计算机等级考试一级MS Office真题(三)

一、选择题

1. 无符号二进制整数01001001转换成十进制整数是____。
   A. 69　　B. 71　　C. 73　　D. 75
2. 为了用ISDN技术实现电话拨号方式接入Internet,除了要具备一条直拨外线和一台性能合适的计算机外,另一个关键硬设备是____。
   A. 网卡　　B. 集线器
   C. 服务器　　D. 内置或外置调制解调器
3. 计算机操作系统的作用是____。
   A. 统一管理计算机系统的全部资源,合理组织计算机的工作流程,以达到充分发挥计算机资源的效率;为用户提供使用计算机的友好界面
   B. 为用户文件进行管理,方便用户存取
   C. 执行用户和各类命令
   D. 管理各类输入输出设备
4. 下列度量单位中,用来度量计算机内存空间大小的是____。
   A. MB/s　　B. MIPS　　C. GHz　　D. MB
5. 用来存储当前正在运行的应用程序和其相应数据的存储器是____。
   A. RAM　　B. 硬盘　　C. ROM　　D. CD-ROM
6. 如果在一个非零无符号二进制整数之后添加一个0,则此数的值为原数的____。
   A. 4倍　　B. 2倍　　C. 1/2　　D. 1/4
7. CPU中,除了内部总线和必要的寄存器外,主要的两大部件分别是运算器和____。
   A. 控制器　　B. 存储器　　C. Cache　　D. 编辑器
8. 在标准ASCII码表中,已知英文字母D的ASCII码是01000100,英文字母A的ASCII码是____。
   A. 01000001　　B. 01000010
   C. 01000011　　D. 01000000
9. 设任意一个十进制整数D,转换成对应的无符号二进制整数为B,那么就这两个数字的长度(即位数)而言,B与D相比____。
   A. B的数字位数一定小于D的数字位数
   B. B的数字位数一定大于D的数字位数
   C. B的数字位数小于或等于D的数字位数
   D. B的数字位数大于或等于D的数字位数
10. 微机中,西文字符所采用的编码是____。

A. EBCDIC码　　B. ASCII码
C. 国标码　　D. BCD码

11. 组成计算机系统的两大部分是____。
A. 硬件系统和软件系统　　B. 主机和外部设备
C. 系统软件和应用软件　　D. 输入设备和输出设备

12. 世界上第一台电子数字计算机ENIAC是在美国研制成功的，其诞生的年份是____。
A. 1943　　B. 1946　　C. 1949　　D. 1950

13. 已知“装”字的拼音输入码是“zhuang”，而“大”字的拼音输入码是“da”，则存储它们的内码分别需要的字节个数是____。
A. 6,2　　B. 3,1　　C. 2,2　　D. 3,2

14. 计算机能直接识别、执行的语言是____。
A. 汇编语言　　B. 机器语言
C. 高级程序语言　　D. C＋＋语言

15. 写邮件时，除了发件人地址之外，另一项必须要填写的是____。
A. 信件内容　　B. 收件人地址
C. 主题　　D. 抄送

16. 传播计算机病毒的两大可能途径之一是____。
A. 通过键盘输入数据时传入　　B. 通电源线传播
C. 通过使用表面不清洁的光盘　　D. 通过Internet网络传播

17. 操作系统是计算机系统中的____。
A. 主要硬件　　B. 系统软件
C. 工具软件　　D. 应用软件

18. 下列不是存储器容量单位的是____。
A. kB　　B. MB　　C. GB　　D. GHz

19. 十进制整数100转换成无符号二进制整数是____。
A. 01100110　　B. 01101000
C. 01100010　　D. 01100100

20. 根据汉字国标码GB2312-80的规定，将汉字分为常用汉字(一级)和非常用汉字(二级)两级汉字。一级常用汉字的排列是按____。
A. 偏旁部首　　B. 汉语拼音字母
C. 笔画多少　　D. 使用频率多少

二、Windows基本操作题(不限制操作方式)

1. 在考生文件夹下的QUE文件夹中新建一个XUE文件夹。
2. 将考生文件夹下BLUE文件夹中的文件夹HUO移动到考生文件夹下HJK文件夹中，并将该文件夹重命名为WORK。
3. 搜索考生文件夹下的HELLO.TXT文件，然后将其删除。

4. 将考生文件夹下的 ADOBE 文件夹复制到考生文件夹下 COM \ MOVE 文件夹中。
5. 为考生文件夹下 COMP 文件夹中的 BEN5. FOR 文件建立名为 BEN 的快捷方式，存放在考生文件夹下。

三、"字处理"操作

对考生文件夹下 WORD. DOC 文档中的文字进行编辑、排版和保存，如图模拟 3-1 所示，具体要求如下。

字处理操作题

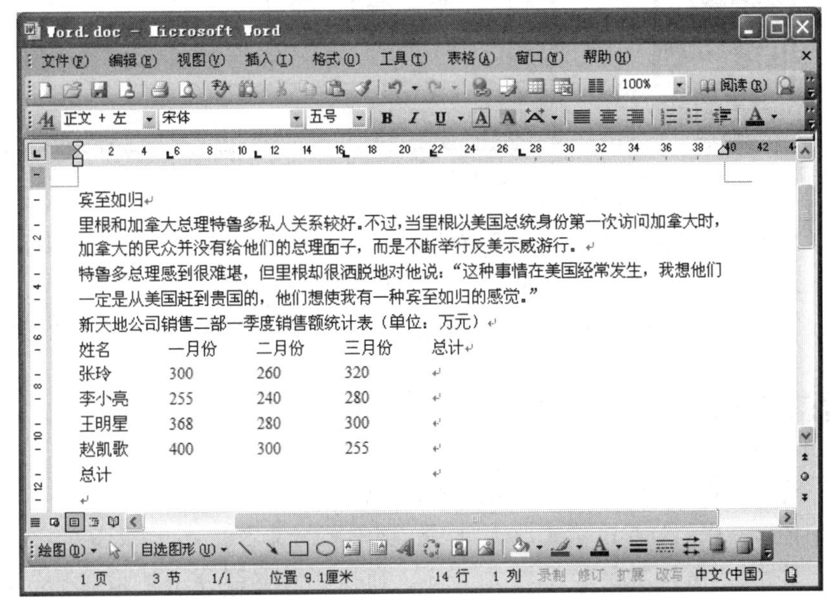

图模拟 3-1　原文档

1. 将标题段"宾至如归"文字设置为红色四号楷体_ GB231 居中，并添加绿色边框（"方框"）、黄色底纹。
2. 设置正文各段落"里根和加拿大总理……宾至如归的感觉。"右缩进 1 字符、行距为 1.3 倍；全文分等宽三栏、首字下沉 2 行；第二段首行缩进 2 字符。
3. 设置页眉为"小幽默摘自《读者》"，字体为小五号宋体。
4. 将文中后 6 行文字转成一个 6 行 5 列的表格，设置表格居中、表格列宽为 2 厘米、行高为 0.8 厘米、表格中所有文字靠下居中。
5. 分别计算表格中每人销售额总计和每月销售额总计。

四、"电子表格"操作

1. 在考生文件夹下打开 EXC. XLS 文件，如图模拟 3-2 所示，将 sheet1 工作表的 A1:E1 单元格合并为一个单元格，水平对齐方式设置为居中；计算各位员工工资的税前合计（税前合计＝基本工资＋岗位津贴－扣除杂费），将工作表命名为"员工工资情况表"。

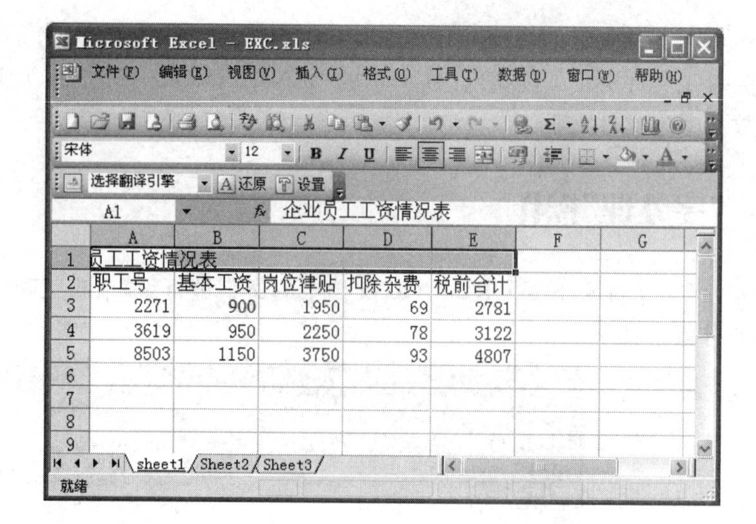

电子表格操作
第1题

图模拟 3-2 原电子表格

2. 打开工作簿文件 EXA. XLS,对工作表“数据库技术成绩单”内数据清单的内容进行分类汇总(提示:分类汇总前先按系别降序排序),分类字段为“系别”,汇总方式为“平均值”,汇总项为“总成绩”,汇总结果显示在数据下方,工作表名不变,工作簿名不变。

五、“演示文稿”操作

1. 使用“Blends”模板修饰全文。全部幻灯片切换效果为“溶解”。
2. 将第一张幻灯片的版式改为“标题,剪贴画与文本”。标题文字的字体设置为“黑体”,字号设置为 53 磅,加粗。文本部分字体设置为“宋体”,字号为 32 磅。剪贴画部分插入 Office 收藏集中“学院”类的剪贴画。图片动画设置为“进入”“棋盘”“下”。将第二张幻灯片改为第一张幻灯片。

电子表格操作
第2题

六、上网操作

向老同学刘亮发一个 E-mail,并将考生文件夹下的图片文件“fengjing. jpg”作为附件一起发出。

具体要求如下。

【收件人】liuliang@163. com

【抄送】

【主题】美丽的风景

【内容】刘亮,你好!最近我出去旅游,把当地的一张风景照寄给你,欣赏欣赏。

2015 年 3 月全国计算机等级考试二级 MS Office 真题(一)

一、Word 操作题

参考图模拟 4-1 样式，完成设置和制作。

新闻提要：中国经济网北京 1 月 15 日讯 中国互联网信息中心今日发布《第 31 次中国互联网络发展状况统计报告》。

中国网民规模达 5.64 亿

互联网普及率为 42.1%

《报告》显示，截至 2012 年 12 月底，我国网民规模达 5.64 亿，全年共计新增网民 5090 万人。互联网普及率为 42.1%，较 2011 年底提升 3.8 个百分点，普及率的增长幅度相比上年继续缩小。

《报告》显示，未来网民的增长动力将主要来自受自身生活习惯(没时间上网)和硬件条件(没有上网设备、当地无法连网)的限制的非网民(即潜在网民)。而对于未来没有上网意向的非网民，多是因为不懂电脑和网络，以及年龄太大。要解决这类人群走向网络，不仅仅是依靠单纯的基础设施建设、费用下调等手段，而且需要互联网应用形式的创新、针对不同人群有更为细致的服务模式、网络世界与线下生活更密切的结合、以及上网硬件设备智能化和易操作化。

《报告》表示，去年，中国政府针对这些技术的研发和应用制定了一系列政策方针：2 月，中国 IPv6 发展路线和时间表确定；3 月工信部组织召开宽带普及提速动员会议，提出“宽带中国”战略；5 月《通信业“十二五”发展规划》发布，针对我国宽带普及、物联网和云计算等新型服务业态制定了未来发展目标和规划。这些政策加快了我国新技术的应用步伐，将推动互联网的持续创新。

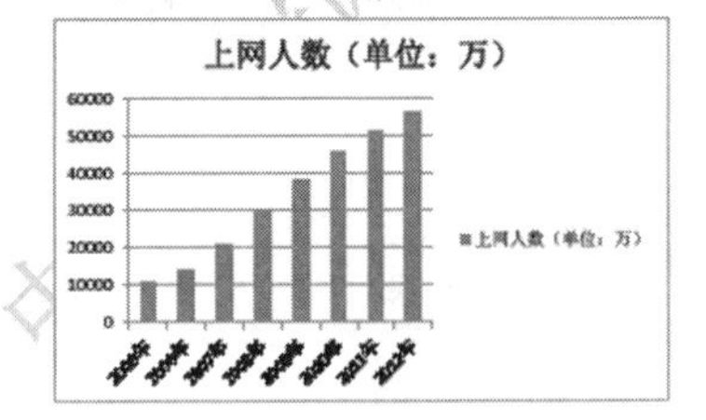

附：统计数据

年份	上网人数（单位：万）
2005 年	11100
2006 年	13700
2007 年	21000
2008 年	29800
2009 年	38400
2010 年	45730
2011 年	51310
2012 年	56400

图模拟 4-1

具体要求如下。

1. 设置页边距为上下左右各 2.7 厘米，装订线在左侧；设置文字水印页面背景，文字为“中国互联网信息中心”，水印版式为斜式。
2. 设置第一段落文字“中国网民规模达 5.64 亿”为标题；设置第二段落文字“互联网普及率为 42.1%”为副标题；改变段间距和行间距（间距单位为行），使用“独特”样式修饰页面；在页面顶端插入“边线型提要栏”文本框，将第三段文字“中国经济网北京 1 月 15 日讯中国互联网信息中心今日发布《第 31 次状况统计报告》。”移入文本框内，设置字体、字号、颜色等；在该文本的最前面插入类别为“文档信息”、名称为“新闻提要”域。
3. 设置第四至第六段文字，要求首行缩进 2 个字符。将第四至第六段的段首“《报告》显示”和“《报告》表示”设置为斜体、加粗、红色、双下划线。
4. 将文档“附：统计数据”后面的内容转换成 2 列 9 行的表格，为表格设置样式；将表格的数据转换成簇状柱形图，插入到文档中“附：统计数据”的前面，保存文档。

二、Excel 操作题

某公司拟对其产品季度销售情况进行统计，各工作表的内容如图模拟 4-2～图模拟 4-4所示。

	A	B	C	D
1	产品类别代码	产品型号	一季度销售量	一季度销售额(元)
2	A1	P-01	231	
3	A1	P-02	78	
4	A1	P-03	231	
5	A1	P-04	166	
6	A1	P-05	125	
7	B3	T-01	97	
8	B3	T-02	89	
9	B3	T-03	69	
10	B3	T-04	95	
11	B3	T-05	165	
12	B3	T-06	121	
13	B3	T-07	165	
14	B3	T-08	86	
15	A2	U-01	156	

一季度销售情况表 二季度销售情况表 产品销售汇总图表

图模拟 4-2

	A	B	C	D
1	产品类别代码	产品型号	二季度销售量	二季度销售额（元）
2	A1	P-01	156	
3	A1	P-02	93	
4	A1	P-03	221	
5	A1	P-04	198	
6	A1	P-05	134	
7	B3	T-01	119	
8	B3	T-02	115	
9	B3	T-03	78	
10	B3	T-04	129	
11	B3	T-05	145	
12	B3	T-06	89	
13	B3	T-07	176	
14	B3	T-08	109	
15	A2	U-01	211	

一季度销售情况表 二季度销售情况表 产品销售汇总图表

图模拟 4-3

	A	B	C	D	E
1	产品类别代码	产品型号	一二季度销售总量	一二季度销售总额	销售额排名
2	A1	P-01			
3	A1	P-02			
4	A1	P-03			
5	A1	P-04			
6	A1	P-05			
7	B3	T-01			
8	B3	T-02			
9	B3	T-03			
10	B3	T-04			
11	B3	T-05			
12	B3	T-06			
13	B3	T-07			
14	B3	T-08			
15	A2	U-01			

一季度销售情况表 二季度销售情况表 产品销售汇总图表

图模拟 4-4

Excel操作题

按以下要求操作。

1. 分别在"一季度销售情况表""二季度销售情况表"工作表内，计算"一季度销售额"列和"二季度销售额"列内容，均为数值型，保留小数点后 0 位。
2. 在"产品销售汇总图表"内，计算"一二季度销售总量"和"一二季度销售总额"列内容，数值型，保留小数点后 0 位；在不改变原有数据顺序的情况下，按一二季度销售总额给出销售额排名。
3. 选择"产品销售汇总图表"内 A1:E15 单元格区域内容，建立数据透视表，行标签为产品型号，列标签为产品类别代码，求和计算一二季度销售额的总计，将表置于现工作表 G1 为起点的单元格区域内。

三、PowerPoint 操作题

某老师需 PowerPoint 演示文稿来介绍计算机的发展史，素材如图模拟 4-5 所示。

1. 第一代计算机：电子管数字计算机（1946-1958 年）

- 硬件方面，逻辑元件采用电子管，主存储器采用汞延迟线、磁鼓、磁芯；外存储器采用磁带；
- 软件方面采用机器语言、汇编语言；
- 应用领域以军事和科学计算为主；
- 特点是体积大、功耗高、可靠性差、速度慢、价格昂贵。

2. 第二代计算机：晶体管数字计算机（1958-1964 年）

- 硬件方面，逻辑元件采用晶体管，主存储器采用磁芯，外存储器采用磁盘；软件方面出现了以批处理为主的操作系统、高级语言及其编译程序；
- 应用领域以科学计算和事务处理为主。并开始进入工业控制领域；
- 特点是体积缩小、能耗降低、可靠性提高、运算速度提高。

3. 第三代计算机：集成电路数字计算机（1964-1970 年）

- 硬件方面，逻辑元件采用中、小规模集成电路，主存储器仍采用磁芯；
- 软件方面出现了分时操作系统以及结构化、规模化程序设计方法；
- 特点是速度更快，可靠性有了显著提高，价格进一步下降，产品走向通用话、系列化和标准化；
- 应用领域开始进入文字处理和图形图像处理领域。

4. 第四代计算机：大规模集成电路计算机（1970 年至今）

- 硬件方面，逻辑元件采用大规模和超大规模集成电路；
- 软件方面出现了数据库管理系统、网络管理系统和面向对象语言等；
- 特点是 1971 年世界上第一台微处理器在美国硅谷诞生，开始了微型计算机的新时代。
- 应用领域从科学计算、事务管理、过程控制逐步走向家庭。

图模拟 4-5

PowerPoint
操作题

按以下要求完成演示文稿的制作。

1. 使文稿包含七张幻灯片，设计第一张为“标题幻灯片”版式，第二张为“仅标题”版式，第三到第六张为“两栏内容”版式，第七张为“空白”版式；所有幻灯片统一设置背景样式，要求有预设颜色。
2. 第一张幻灯片标题为“计算机发展简史”，副标题为“计算机发展的四个阶段”；第二张幻灯片标题为“计算机发展的四个阶段”；在标题下面空白处插入 SmartArt 图形，要求含有四个文本框，在每个文本框中依次输入“第一代计算机”，……，“第四代计算机”，更改图形颜色，适当调整字体字号。
3. 第三张至第六张幻灯片，标题内容分别为素材中各段的标题；左侧内容为各段的文字介绍，加项目符号，右侧为各代计算机的图片（自选），第六张幻灯片需插入两张图片；在第七张幻灯片中插入艺术字，内容为“谢谢！”。
4. 为第一张幻灯片的副标题、第三到第六张幻灯片的图片设置动画效果，第二张幻灯片的四个文本框超链接到相应内容幻灯片；为所有幻灯片设置切换效果。

2015年3月全国计算机等级考试二级 MS Office 真题(二)

一、Word 操作题

某高校学生会计划举办一场“大学生网络创业交流会”的活动,拟邀请部分专家和老师给在校学生进行演讲。因此,校学生会外联部需制作一批邀请函,并分别递送给相关的专家和老师。

请按如下要求,完成邀请函的制作。

Word操作题

1. 调整文档版面,要求页面高度18厘米、宽度30厘米,页边距(上、下)为2厘米,页边距(左、右)为3厘米。
2. 为邀请函设置背景图片(自选)。
3. 根据图模拟5-1所示,调整邀请函中内容文字的字体、字号。

大学生网络创业交流会

邀请函

尊敬的:　　　(老师)

校学生会兹定于2013年10月22日,在本校大礼堂举办“大学生网络创业交流会”的活动,并设立了分会场演讲主题的时间,特邀请您为我校学生进行指导和培训。

谢谢您对我校学生会工作的大力支持。

校学生会 外联部

2013年9月8日

图模拟5-1

4. 调整邀请函中内容文字段落对齐方式。
5. 根据页面布局需要,调整邀请函中“大学生网络创业交流会”和“邀请函”两个段落的间距。
6. 在“尊敬的”和“(老师)”文字之间,插入拟邀请的专家和老师姓名,拟邀请的专家和老师姓名事先放在如图模拟5-2所示的“通讯录.xlsx”文件中。每页邀请函中只能包含1位专家或老师的姓名,所有的邀请函页面请另外保存在一个名为“Word-邀请函.

docx”文件中。

	A	B	C	D
1	编号	姓名	性别	公司
2	BY001	邓建国	男	机械工业出版社
3	BY002	刘大春	男	中国青年出版社
4	BY007	陈岩姝	女	成都电子科技大学
5	BY008	胡荣	男	讯捷信息技术发展有限公司
6	BY005	张远志	男	高等教育出版社

图模拟 5-2

二、Excel 操作题

小蒋是一位中学教师，在教务处负责初一年级学生的成绩管理。第一学期期末考试刚刚结束，小蒋将初一年级三个班的成绩均录入了文件名为“学生成绩单. xlsx”的 Excel 工作簿文档中，如图模拟 5-3 所示。

	A	B	C	D	E	F	G	H	I	J	K	L
1	学号	姓名	班级	语文	数学	英语	生物	地理	历史	政治	总分	平均分
2	120305	包宏伟		91.5	89	94	92	91	86	86		
3	120203	陈万地		93	99	92	86	86	73	92		
4	120104	杜学江		102	116	113	78	88	86	73		
5	120301	符合		99	98	101	95	91	95	78		
6	120306	吉祥		101	94	99	90	87	95	93		
7	120206	李北大		100.5	103	104	88	89	78	90		
8	120302	李娜娜		78	95	94	82	90	93	84		
9	120204	刘康锋		95.5	92	96	84	95	91	92		
10	120201	刘鹏举		93.5	107	96	100	93	92	93		
11	120304	倪冬声		95	97	102	93	95	92	88		
12	120103	齐飞扬		95	85	99	98	92	92	88		
13	120105	苏解放		88	98	101	89	73	95	91		
14	120202	孙玉敏		86	107	89	88	92	88	89		
15	120205	王清华		103.5	105	105	93	93	90	86		
16	120102	谢如康		110	95	98	99	93	93	92		
17	120303	闫朝霞		84	100	97	87	78	89	93		
18	120101	曾令煊		97.5	106	108	98	99	99	96		
19	120106	张桂花		90	111	116	72	95	93	95		

第一学期期末成绩 Sheet2 Sheet3

图模拟 5-3

根据下列要求帮助小蒋老师对该成绩单进行整理和分析。

1. 对工作表“第一学期期末成绩”中的数据列表进行格式化操作：将第一列“学号”列设为文本，将所有成绩列设为保留两位小数的数值；适当加大行高列宽，改变字体、字号，设置对齐方式，增加适当的边框和底纹以使工作表更加美观。
2. 利用“条件格式”功能进行下列设置：将语文、数学、英语三科中不低于 110 分的成绩所在的单元格以一种颜色填充，其他四科中高于 95 分的成绩以另一种字体颜色标出，所用颜色深浅以不遮挡数据为宜。
3. 利用 sum 和 average 函数计算每一个学生的总分及平均成绩。
4. 学号第 3、4 位代表学生所在的班级，例如：“120105”代表 12 级 1 班 5 号。请通过函数提取每个学生所在的班级并按下列对应关系填写在“班级”列中：

“学号”的 3、4 位	对应班级
01	1 班

02	2 班
03	3 班

5. 复制工作表"第一学期期末成绩",将副本放置到原表之后;改变该副本表标签的颜色,并重新命名,新表名需包含"分类汇总"字样。
6. 通过分类汇总功能求出每个班各科的平均成绩,并将每组结果分页显示。
7. 以分类汇总结果为基础,创建一个簇状柱形图,对每个班各科平均成绩进行比较,并将该图表放置在一个名为"柱状分析图"新工作表中。

三、PowerPoint 操作题

文慧是新东方学校的人力资源培训讲师,负责对新入职的教师进行入职培训,其PowerPoint 演示文稿的制作水平广受好评。最近,她应北京节水展馆的邀请,为展馆制作一份宣传水知识及节水工作重要性的演示文稿。节水展馆提供的文字资料及素材如图模拟 5-4 所示。

一、水的知识
1、水资源概述
目前世界水资源达到 13.8 亿立方千米,但人类生活所需的淡水资源却只占 2.53%,约为 0.35 亿立方千米。我国水资源总量位居世界第六,但人均水资源占有量仅为 2200 立方米,为世界人均水资源占有量的 1/4。
北京属于重度缺水地区。全市人均水资源占有量不足 300 立方米,仅为全国人均水资源量的 1/8,世界人均水资源量的 1/30。
北京水资源主要靠天然降水和永定河、潮白河上游来水。
2、水的特性
水是氢氧化合物,其分子式为 H_2O。
水的表面有张力、水有导电性、水可以形成虹吸现象。
3、自来水的由来
自来水不是自来的,它是经过一系列水处理净化过程生产出来的。
二、水的应用
1、日常生活用水
做饭喝水、洗衣洗菜、洗浴冲厕
2、水的利用
水冷空调、水与减震、音乐水雾、水利发电、雨水利用、再生水利用
3、海水淡化
海水淡化技术主要有:蒸馏、电渗析、反渗透。
三、节水工作
1、节水技术标准
北京市目前实施了五大类 68 项节水相关技术标准。其中包括:用水器具、设备、产品标准;水质标准;工业用水标准;建筑给水排水标准、灌溉用水标准等
2、节水器具
使用节水器具是节水工作的重要环节,生活中节水器具主要包括:水龙头、便器及配套系统、沐浴器、冲洗阀等。
3、北京五种节水模式
分别是:管理型节水模式、工程型节水模式、科技型节水模式、公众参与型节水模式、循环利用型节水模式。

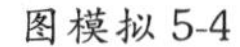
图模拟 5-4

按以下要求完成演示文稿的制作。

1. 标题页包含演示主题、制作单位(北京节水展馆)和日期(××××年××月××日)。
2. 演示文稿须指定一个主题,幻灯片不少于 5 页,且版式不少于 3 种。
3. 演示文稿中除文字外要有 2 张以上的图片,并有 2 个以上的超链接进行幻灯片之间的

跳转。

4. 动画效果要丰富，幻灯片切换效果要多样。

5. 演示文稿播放的全程需要有背景音乐。

6. 将制作完成的演示文稿以“水资源利用与节水.pptx”为文件名进行保存。

2015年3月全国计算机等级考试二级 MS Office 真题(三)

一、Word 操作题

某高校为了使学生更好地进行职场定位和职业准备,提高就业能力,该校学工处将于2010年4月29日(星期四)19:30—21:30在校国际会议中心举办题为"领慧讲堂——大学生人生规划"就业讲座,特别邀请资深媒体人、著名艺术评论家赵蕈先生担任演讲嘉宾。

请根据上述活动的描述,利用 Microsoft Word 制作一份如图模拟 6-1 所示的宣传海报,要求如下。

图模拟 6-1

1. 调整文档版面,要求页面高度35厘米,页面宽度27厘米,页边距(上、下)为5厘米,页边距(左、右)为3厘米,并为海报设置背景图片。
2. 调整海报内容文字的字号、字体和颜色。

3. 根据页面布局需要，调整海报内容中“报告题目”“报告人”“报告日期”“报告时间”“报告地点”信息的段落间距。
4. 在“报告人：”位置后面输入报告人姓名(赵蕈)。
5. 在“主办：校学工处”位置后另起一页，并设置第 2 页的页面纸张大小为 A4 篇幅，纸张方向设置为“横向”，页边距为“普通”页边距定义。
6. 添加如图模拟 6-2 所示的新页面，在新页面上复制本次活动的日程安排表(事先建好如图模拟 6-3 所示的“活动日程安排. xlsx”文件)，要求表格内容引用 Excel 文件中的内容，如若 Excel 文件中的内容发生变化，Word 文档中的日程安排信息随之发生变化。

图模拟 6-2

	A	B	C
1	“领慧讲堂” 就业讲座之大学生人生规划 日程安排		
2	时间	主题	报告人
3	18:30 - 19:00	签到	
4	19:00 - 19:20	大学生职场定位和职业准备	王老师
5	19:20 - 21:10	大学生人生规划	特约专家
6	21:10 - 21:30	现场提问	王老师
7			

图模拟 6-3

7. 在新页面的“报名流程”段落下面，利用 SmartArt，制作本次活动的报名流程(学工处报名、确认坐席、领取资料、领取门票)。
8. 设置“报告人介绍”段落下面的文字排版布局。
9. 更换报告人照片(图片自选)，将该照片调整到适当位置，并不要遮挡文档中的文字内容。

二、Excel 操作题

财务部助理小王需要向主管汇报 2013 年度公司差旅报销情况，各工作表的内容如图模拟 6-4～图模拟 6-6 所示。

Excel操作题

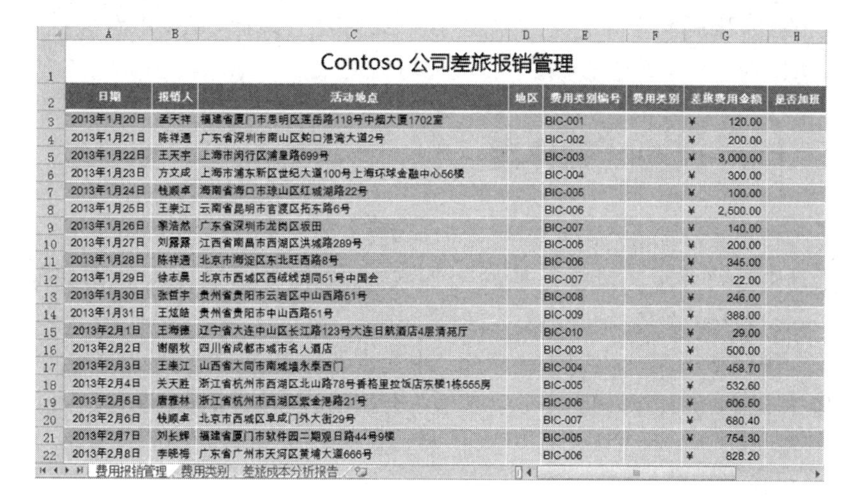

Contoso 公司差旅报销管理

日期	报销人	活动地点	地区	费用类别编号	费用类别	差旅费用金额	是否加班
2013年1月20日	孟天祥	福建省厦门市思明区莲岳路118号中烟大厦1702室		BIC-001		¥ 120.00	
2013年1月21日	陈祥通	广东省深圳市南山区蛇口港湾大道2号		BIC-002		¥ 200.00	
2013年1月22日	王天宇	上海市闵行区浦星路699号		BIC-003		¥ 3,000.00	
2013年1月23日	方文成	上海市浦东新区世纪大道100号上海环球金融中心56楼		BIC-004		¥ 300.00	
2013年1月24日	钱顺卓	海南省海口市琼山区红城湖路22号		BIC-005		¥ 100.00	
2013年1月25日	王崇江	云南省昆明市官渡区拓东路6号		BIC-006		¥ 2,500.00	
2013年1月26日	黎浩然	广东省深圳市龙岗区坂田		BIC-007		¥ 140.00	
2013年1月27日	刘露露	江西省南昌市西湖区洪城路289号		BIC-005		¥ 200.00	
2013年1月28日	陈祥通	北京市海淀区东北旺西路8号		BIC-006		¥ 345.00	
2013年1月29日	徐志晨	北京市西城区西绒线胡同51号中国会		BIC-007		¥ 22.00	
2013年1月30日	张哲宇	贵州省贵阳市云岩区中山西路51号		BIC-008		¥ 246.00	
2013年1月31日	王炫皓	贵州省贵阳市中山西路51号		BIC-009		¥ 388.00	
2013年2月1日	王海德	辽宁省大连中山区长江路123号大连日航酒店4层清苑厅		BIC-010		¥ 29.00	
2013年2月2日	谢丽秋	四川省成都市城市名人酒店		BIC-003		¥ 500.00	
2013年2月3日	王崇江	山西省大同市南城墙永泰西门		BIC-004		¥ 458.70	
2013年2月4日	关天胜	浙江省杭州市西湖区北山路78号香格里拉饭店东楼1栋555房		BIC-005		¥ 532.60	
2013年2月5日	唐雅林	浙江省杭州市西湖区紫金港路21号		BIC-006		¥ 606.50	
2013年2月6日	钱顺卓	北京市西城区阜成门外大街29号		BIC-007		¥ 680.40	
2013年2月7日	刘长辉	福建省厦门市软件园二期观日路44号9楼		BIC-005		¥ 754.30	
2013年2月8日	李晓梅	广东省广州市天河区黄埔大道666号		BIC-006		¥ 828.20	

费用报销管理　费用类别　差旅成本分析报告

图模拟 6-4

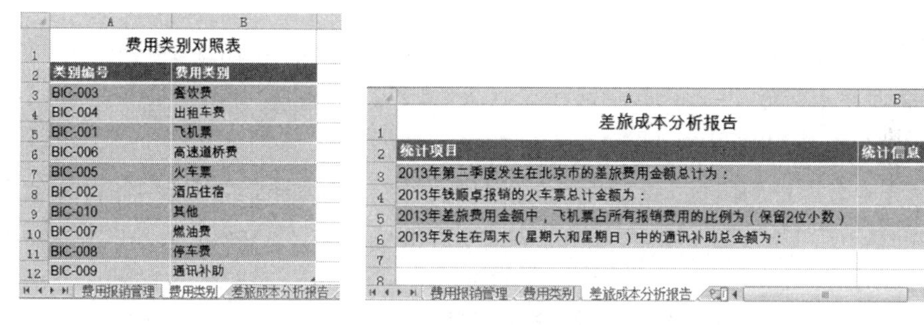

费用类别对照表

类别编号	费用类别
BIC-003	餐饮费
BIC-004	出租车费
BIC-001	飞机票
BIC-006	高速道桥费
BIC-005	火车票
BIC-002	酒店住宿
BIC-010	其他
BIC-007	燃油费
BIC-008	停车费
BIC-009	通讯补助

费用报销管理　费用类别　差旅成本分析报告

差旅成本分析报告

统计项目	统计信息
2013年第二季度发生在北京市的差旅费用金额总计为：	
2013年钱顺卓报销的火车票总计金额为：	
2013年差旅费用金额中，飞机票占所有报销费用的比例为（保留2位小数）	
2013年发生在周末（星期六和星期日）中的通讯补助总金额为：	

费用报销管理　费用类别　差旅成本分析报告

图模拟 6-5　　图模拟 6-6

请按照如下要求完成统计和分析工作。

1. 在“费用报销管理”工作表“日期”列的所有单元格中，标注每个报销日期属于星期几，例如日期为“2013 年 1 月 20 日”的单元格应显示为“2013 年 1 月 20 日星期日”，日期为“2013 年 1 月 21 日”的单元格应显示为“2013 年 1 月 21 日星期一”。
2. 如果“日期”列中的日期为星期六或星期日，则在“是否加班”列的单元格中显示“是”，否则显示“否”(必须使用公式)。
3. 使用公式统计每个活动地点所在的省份或直辖市，并将其填写在“地区”列所对应的单元格中，例如“北京市”、“浙江省”。
4. 依据“费用类别编号”列内容，使用 VLOOKUP 函数，生成“费用类别”列内容。对照关系参考“费用类别”工作表。
5. 在“差旅成本分析报告”工作表 B3 单元格中，统计 2013 年第二季度发生在北京市的差旅费用总金额。
6. 在“差旅成本分析报告”工作表 B4 单元格中，统计 2013 年员工钱顺卓报销的火车票费用总额。
7. 在“差旅成本分析报告”工作表 B5 单元格中，统计 2013 年差旅费用中，飞机票费用占所有报销费用的比例,并保留2位小数。

8. 在"差旅成本分析报告"工作表B6单元格中,统计2013年发生在周末(星期六和星期日)的通讯补助总金额。

三、PowerPoint 操作题

校摄影社团在今年的摄影比赛结束后,希望可以借助PowerPoint将优秀作品在社团活动中进行展示。请自行从网上下载好12幅校园风光摄影作品,并以Photo1.jpg～Photo12.jpg命名。

按照如下需求,在PowerPoint中完成制作工作。

1. 利用PowerPoint应用程序创建一个相册,并包含Photo1.jpg～Photo12.jpg共12幅摄影作品。在每张幻灯片中包含4张图片,并将每幅图片设置为"居中矩形阴影"相框形状。
2. 设置相册主题为"沉稳"。
3. 为相册中每张幻灯片设置不同的切换效果。
4. 在标题幻灯片后插入一张新的幻灯片,将该幻灯片设置为"标题和内容"版式。在该幻灯片的标题位置输入"摄影社团优秀作品赏析";并在该幻灯片的内容文本框中输入3行文字,分别为"湖光春色""冰消雪融"和"田园风光"。
5. 将"湖光春色""冰消雪融"和"田园风光"3行文字转换为样式为"蛇形图片重点列表"的SmartArt对象,并将Photo 1.jpg、Photo 6.jpg、Photo 9.jpg定义为该SmartArt对象的显示图片。
6. 为SmartArt对象添加自左至右的"擦除"进入动画效果,并要求在幻灯片放映时该SmartArt对象元素可以逐个显示。
7. 在SmartArt对象元素中添加幻灯片跳转链接,使得单击"湖光春色"标注形状可跳转至第三张幻灯片,单击"冰消雪融"标注形状可跳转至第四张幻灯片,单击"田园风光"标注形状可跳转至第五张幻灯片。
8. 为该相册的设置背景音乐(自选),并在幻灯片放映时即开始播放。

2015年3月全国计算机等级考试二级MS Office真题(四)

一、Word操作题

新年将至，龙腾公司定于2013年2月5日下午2:00，在中关村海龙大厦办公大楼五层多功能厅举办一个联谊会，重要客人名录保存在名为“重要客户名录.xlsx”（如图模拟7-1所示）的文件中，公司联系电话为010－66668888。

根据上述内容制作请柬，具体要求如下。

	A	B	C	D
1	姓名	职务	单位	
2	王选	董事长	方正公司	
3	李鹏	总经理	同方公司	
4	江汉民	财务总监	力邦达公司	
5				

图模拟7-1

1. 制作一份请柬，以“董事长：王明龙”名义发出邀请，请柬中需要包含标题、收件人名称、联谊会时间、联谊会地点和邀请人。
2. 对请柬进行适当的排版，具体要求：改变字体、加大字号，且标题部分（“请柬”）与正文部分（以“尊敬的×××：”开头）采用不相同的字体和字号；加大行间距和段间距；对必要的段落改变对齐方式，适当设置左右及首行缩进，以美观且符合中国人阅读习惯为准。

Word操作题

3. 在请柬的左下角位置插入一幅图片（图片自选），调整其大小及位置，不影响文字排列、不遮挡文字内容。
4. 进行页面设置，加大文档的上边距；为文档添加页眉，要求页眉内容包含本公司的联系电话。
5. 运用邮件合并功能制作内容相同、收件人不同（收件人为“重要客户名录”中的每个人，采用导入方式）的多份请柬，要求先将合并主文档以“请柬1.docx”为文件名进行保存，再进行效果预览后生成可以单独编辑的单个文档“请柬2.docx”。

二、Excel操作题

文涵是大地公司的销售部助理，负责对全公司的销售情况进行统计分析，并将结果提交给销售部经理。年底，她根据各门店提交的销售报表进行统计分析。各工作表的内容如图模拟7-2～图模拟7-3所示。

请按照如下要求完成统计和分析工作。

1. 将“sheet1”工作表命名为“销售情况”，将“sheet2”命名为“平均单价”。
2. 在“店铺”列左侧插入一个空列，输入列标题为“序号”，并以001、002、003……的方式向下填充该列到最后一个数据行。
3. 将工作表标题跨列合并后居中并适当调整其字体、加大字号，并改变字体颜色。适当加大数据表行高和列宽，设置对齐方式及销售额数据列的数值格式（保留2位小数），并为数据区域增加边框线。

	A	B	C	D	E	F
1		大地公司某品牌计算机设备全年销量统计表				
2						
3		店铺	季度	商品名称	销售量	销售额
4		西直门店	1季度	笔记本	200	
5		西直门店	2季度	笔记本	150	
6		西直门店	3季度	笔记本	250	
7		西直门店	4季度	笔记本	300	
8		中关村店	1季度	笔记本	230	
9		中关村店	2季度	笔记本	180	
10		中关村店	3季度	笔记本	290	
11		中关村店	4季度	笔记本	350	
12		上地店	1季度	笔记本	180	
13		上地店	2季度	笔记本	140	
14		上地店	3季度	笔记本	220	
15		上地店	4季度	笔记本	280	
16		亚运村店	1季度	笔记本	210	
17		亚运村店	2季度	笔记本	170	
18		亚运村店	3季度	笔记本	260	
19		亚运村店	4季度	笔记本	320	
20		西直门店	1季度	台式机	260	
21		西直门店	2季度	台式机	243	
22		西直门店	3季度	台式机	362	
23		西直门店	4季度	台式机	377	
24		中关村店	1季度	台式机	261	
25		中关村店	2季度	台式机	349	
26		中关村店	3季度	台式机	400	

sheet1 sheet2

图模拟 7-2

Excel操作题

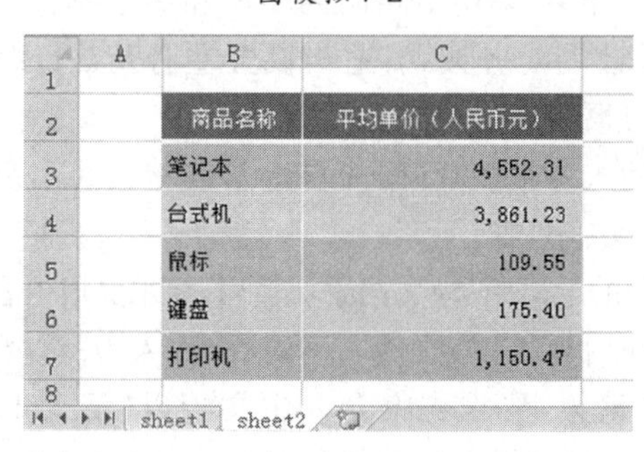

	A	B	C
1			
2		商品名称	平均单价（人民币元）
3		笔记本	4,552.31
4		台式机	3,861.23
5		鼠标	109.55
6		键盘	175.40
7		打印机	1,150.47
8			

sheet1 sheet2

图模拟 7-3

4. 将工作表“平均单价”中的区域 B3∶C7 定义名称为“商品均价”。运用公式计算工作表“销售情况”中 F 列的销售额，要求在公式中通过 VLOOKUP 函数自动在工作表“平均单价”中查找相关商品的单价，并在公式中引用所定义的名称“商品均价”。
5. 为工作表“销售情况”中的销售数据创建一个数据透视表，放置在一个名为“数据透视分析”的新工作表中，要求针对各类商品比较各门店每个季度的销售额。其中：商品名称为报表筛选字段，店铺为行标签，季度为列标签，并对销售额求和。最后对数据透视表进行格式设置，使其更加美观。
6. 根据生成的数据透视表，在透视表下方创建一个簇状柱形图，图表中仅对各门店四个季度笔记本的销售额进行比较。

三、PowerPoint 操作题

按照下列要求完成对此文稿的制作，演示文稿内容如图模拟 7-4 所示。

PowerPoint
操作题

养老保险如何走向社会化
- 过去，人们“养儿防老”，多子多孙为多福；
- 后来：人们靠企业养老，“谁的职工谁来养”；
- 现在：人们养老靠社会化。

失业保险到底该怎么保
- 过去：三个人的活五个人干，大家都吃大锅饭；
- 后来：向市场经济转轨，许多职工纷纷下岗；
- 现在：“下岗”一词也将下岗，人们将直面失业。

医疗保险怎样让人看得起病？
- 过去：人们生病有公费医疗；
- 后来：企业不景气，医药报销越来越难。
- 现在：医院在改革，人们的观念也在变。

图模拟 7-4

1. 使用“暗香扑面”演示文稿设计主题修饰全文。
2. 将第二张幻灯片版式设置为“标题和内容”，把这张幻灯片移为第三张幻灯片。
3. 为三张幻灯片设置动画效果。
4. 要有 2 个超链接进行幻灯片之间的跳转。
5. 演示文稿播放的全程需要有背景音乐(自选)。

2015 年 3 月全国计算机等级考试二级 MS Office 真题(五)

一、Word 操作题

北京计算机大学组织专家对《学生成绩管理系统》的需求方案进行评审，为使参会人员对会议流程和内容有一个清晰的了解，需要会议会务组提前制作一份有关评审会的秩序手册。具体要求如下。

1. 评审会会议秩序册内容如图模拟 8-1 所示。

北京计算机大学《学生成绩管理系统》需求评审会
会议秩序册
主办单位：北京计算机大学
协办单位：北京电子大学
二〇一三年三月
目录
一、报到、会务组　3
二、会议须知　4
三、会议安排　5
四、专家及会议代表名单　6
一、报到、会务组
报到时间：2013.03.22
报到地点：北京市海淀区中关村大街 123 号
会务联系：
招待所前台：010-81234567
忠涨 手机：15324568754
路树 手机：1885432132
二、会议须知
1. 本次会议和住宿地点：学院招待所
2. 各位入住房间后，请尽快熟悉安全设施和应急消防通道；
3. 请遵守宾馆的规章制度，注意人身安全及保护好随身携带的物品。如需宾馆提供服务，请浏览房内的《宾馆服务指南》；
4. 会议室内请勿吸烟，会议时间请各位将手机调至静音振动状态； 5、会议期间如有任何需求请与会务人员联系；
5. 参会代表签到时，请将本人及随行人员的行程及时通知会务人员或将填写好的回执单交给会务人员，以便会务人员安排住宿、车辆，帮助购买返程机票。
6. 会后，请各参会代表把会议资料递还会务组。

三、会议安排
主持人：郝仁

	内容
13:30-14:40	宣布会议开始并介绍与会人员 承研单位汇报《学生成绩管理系统》需求分析基本情况
14:50-16:50	专家审查有关资料 提问解答专家组讨论、拟定评审意见 专家组宣布审查意见
17:00-17:10	领导讲话 宣布会议结束

四、专家及会议代表名单
专家组

姓名	单位	职务	联系电话
孙上庆	清华大学	教授	18211234567
郑丽蓝	北京大学	教授	13412345678
顾元时	清华大学	教授	13312345678
陈诚辰	中国科学院	总工	18912345678
龙兴纪	北京大学	教授	13687654321
刘平	邮电大学	高工	13467432134
邓等时	石油大学	高工	13567565433
霍可刊	电子科技学院	教授	13876587655

与会代表

姓名	单位	职务	联系电话
叶盛飞	北京计算机大学	教授	13434562112
苏海	北京计算机大学	副教授	15276543210
赵清平	北京计算机大学	副教授	13745678901
鲁海德	北京计算机大学	讲师	18812345678
封天田	北京计算机大学	讲师	18687654321
王明敏	北京电子大学	教授	18012786552
赵照	北京电子大学	副教授	18298776643
徐东阿	北京电子大学	讲师	13324566754
李丽黎	北京电子大学	助教	13512345567

图模拟 8-1

2. 设置页面的纸张大小为 16 开，页边距上下为 2.8 厘米、左右为 3 厘米，并指定文档每页为 36 行。
3. 会议秩序册由封面、目录、正文三大块内容组成。其中，正文又分为四个部分，每部分的标题均已经以中文大写数字一、二、三、四进行编排。要求将封面、目录以及正文中包含的四个部分分别独立设置为 Word 文档的一节。页码编排要求为：封面无页码；目录采用罗马数字编排；正文从第一部分内容开始连续编码，起始页码为 1(如用格式 -1-)，页码设置在页脚右侧位置。
4. 将封面上的文字“北京计算机大学《学生成绩管理系统》需求评审会”设置为二号、华文中宋；将文字“会议秩序册”放置在一个文本框中，设置为竖排文字、华文中宋、小一；将其余文字设置为四号、仿宋，并调整到页面合适的位置。
5. 将正文中的标题“一、报到、会务组”设置为一级标题，单倍行距、悬挂缩进 2 字符、段前段后为自动，并以自动编号格式“一、二……”替代原来的手动编号。其他三个标题“二、会议须知”“三、会议安排”“四、专家及会议代表名单”格式，均参照第一个标题设置。

6. 将第一部分（“一、报到、会务组”）和第二部分（“二、会议须知”）中的正文内容设置为宋体五号字，行距为固定值、16 磅，左、右各缩进 2 字符，首行缩进 2 字符，对齐方式设置为左对齐。
7. 完成会议安排表的制作，并插入到第三部分相应位置中，格式要求：合并单元格、序号自动排序并居中、表格标题行采用黑体。
8. 完成专家及会议代表名单的制作，并插入到第四部分相应位置中。格式要求：合并单元格、序号自动排序并居中、适当调整行高（其中样例中彩色填充的行要求大于 1 厘米）、为单元格填充颜色、所有列内容水平居中、表格标题行采用黑体。
9. 根据素材中的要求自动生成文档的目录，插入到目录页中的相应位置，并将目录内容设置为四号字。

二、Excel 操作题

小王今年毕业后，在一家计算机图书销售公司担任市场部助理，主要的工作职责是为部门经理提供销售信息的分析和汇总。各工作表的内容如图模拟 8-2、图模拟 8-3 所示。

Excel操作题

	A	B	C	D	E	F	G
1	销售订单明细表						
2	订单编号	日期	书店名称	图书编号	图书名称	销量（本）	小计
3	BTW-08001	2011年1月2日	鼎盛书店	BK-83021	《计算机基础及MS Office应用》	12	
4	BTW-08002	2011年1月4日	博达书店	BK-83033	《嵌入式系统开发技术》	5	
5	BTW-08003	2011年1月4日	博达书店	BK-83034	《操作系统原理》	41	
6	BTW-08004	2011年1月5日	博达书店	BK-83027	《MySQL数据库程序设计》	21	
7	BTW-08005	2011年1月6日	鼎盛书店	BK-83028	《MS Office高级应用》	32	
8	BTW-08006	2011年1月9日	鼎盛书店	BK-83029	《网络技术》	3	
9	BTW-08007	2011年1月9日	博达书店	BK-83030	《数据库技术》	1	
10	BTW-08008	2011年1月10日	鼎盛书店	BK-83031	《软件测试技术》	3	
11	BTW-08009	2011年1月10日	博达书店	BK-83035	《计算机组成与接口》	43	
12	BTW-08010	2011年1月11日	隆华书店	BK-83022	《计算机基础及Photoshop应用》	22	
13	BTW-08011	2011年1月11日	鼎盛书店	BK-83023	《C语言程序设计》	31	
14	BTW-08012	2011年1月12日	隆华书店	BK-83032	《信息安全技术》	19	
15	BTW-08013	2011年1月12日	鼎盛书店	BK-83036	《数据库原理》	43	
16	BTW-08014	2011年1月13日	隆华书店	BK-83024	《VB语言程序设计》	39	
17	BTW-08015	2011年1月15日	鼎盛书店	BK-83025	《Java语言程序设计》	30	
18	BTW-08016	2011年1月16日	鼎盛书店	BK-83026	《Access数据库程序设计》	43	
19	BTW-08017	2011年1月16日	鼎盛书店	BK-83037	《软件工程》	40	
20	BTW-08018	2011年1月17日	鼎盛书店	BK-83021	《计算机基础及MS Office应用》	44	

Sheet1　Sheet2　Sheet3

图模拟 8-2

请按照如下要求完成统计和分析工作。

1. 将“sheet1”工作表命名为“销售情况”，将“sheet2”工作表命名为“图书定价”。
2. 在“图书名称”列右侧插入一个空列，输入列标题为“单价”。
3. 将工作表标题跨列合并后居中并适当调整其字体、加大字号，并改变字体颜色。设置数据表对齐方式及单价和小计的数值格式（保留 2 位小数）。根据图书编号，请在“销售情况”工作表的“单价”列中，使用 VLOOKUP 函数完成图书单价的填充。“单价”和“图书编号”的对应关系在“图书定价”工作表中。

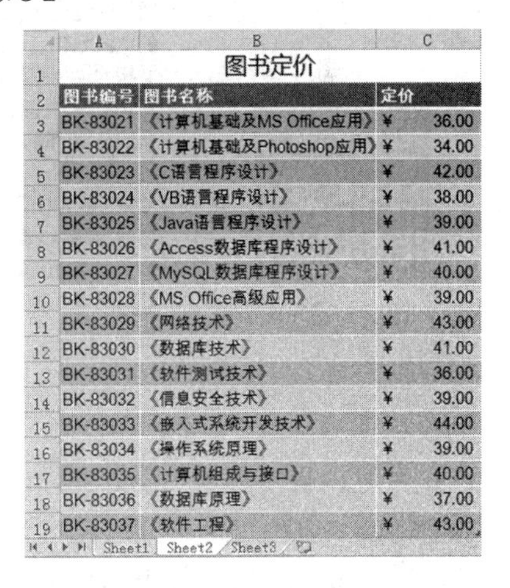

	A	B	C
1	图书定价		
2	图书编号	图书名称	定价
3	BK-83021	《计算机基础及MS Office应用》	¥ 36.00
4	BK-83022	《计算机基础及Photoshop应用》	¥ 34.00
5	BK-83023	《C语言程序设计》	¥ 42.00
6	BK-83024	《VB语言程序设计》	¥ 38.00
7	BK-83025	《Java语言程序设计》	¥ 39.00
8	BK-83026	《Access数据库程序设计》	¥ 41.00
9	BK-83027	《MySQL数据库程序设计》	¥ 40.00
10	BK-83028	《MS Office高级应用》	¥ 39.00
11	BK-83029	《网络技术》	¥ 43.00
12	BK-83030	《数据库技术》	¥ 41.00
13	BK-83031	《软件测试技术》	¥ 36.00
14	BK-83032	《信息安全技术》	¥ 39.00
15	BK-83033	《嵌入式系统开发技术》	¥ 44.00
16	BK-83034	《操作系统原理》	¥ 39.00
17	BK-83035	《计算机组成与接口》	¥ 40.00
18	BK-83036	《数据库原理》	¥ 37.00
19	BK-83037	《软件工程》	¥ 43.00

Sheet1　Sheet2　Sheet3

图模拟 8-3

4. 运用公式计算工作表“销售情况”中 H 列的小计。
5. 为工作表“销售情况”中的销售数据创建一个数据透视表，放置在一个名为“数据透视分析”的新工作表中，要求针对各书店比较各类书每天的销售额。其中：书店名称为列标签，日期和图书名称为行标签，并对销售额求和。
6. 根据生成的数据透视表，在透视表下方创建一个簇状柱形图，图表中仅对博达书店一月份的销售额小计进行比较。

三、PowerPoint 操作题

为进一步提升北京旅游行业整体队伍素质，打造高水平、懂业务的旅游景区建设与管理队伍，北京旅游局将为工作人员进行一次业务培训，主要围绕“北京主要景点”进行介绍，包括文字、图片、音频等内容。素材文档如图模拟 8-4 所示。

天安门坐落在中国北京市中心，故宫的南端，与天安门广场隔长安街相望，是明清两代北京皇城的正门。设计者为明代的御用建筑匠师蒯祥。天安门位于北京城的传统的中轴线上，由城台和城楼两部分组成，造型威严庄重，气势宏大，是中国古代城门中最杰出的代表作。

北京故宫，旧称紫禁城，是中国明清两代 24 位皇帝的皇宫。是无与伦比的古代建筑杰作，也是世界现存最大、最完整的木质结构的古建筑群。
故宫宫殿建筑均是木结构、黄琉璃瓦顶、青白石底座，饰以金碧辉煌的彩画。
故宫的建筑沿着一条南北向中轴线排列并向两旁展开，南北取直，左右对称。依据其布局与功用分为“外朝”与“内廷”两大部分，以乾清门为界，乾清门以南为外朝，以北为内廷。外朝、内廷的建筑气氛迥然不同。

八达岭长城位于北京市延庆县军都山关沟古道北口。是明长城中保存最好、也最具代表性的地段。联合国“世界文化遗产”之一。
八达岭长城典型地表现了万里长城雄伟险峻的风貌。作为北京的屏障，这里山峦重叠，形势险要。气势极其磅礴的城墙南北盘旋延伸于群峦峻岭之中。陡壁悬崖上古人所书的"天险"二字，确切的概括了八达岭位置的军事重要性。
八达岭长城驰名中外，誉满全球。是万里长城向游人开放最早的地段。“不到长城非好汉”。迄今，先后有尼克松、里根、撒切尔、戈尔巴乔夫、伊丽莎白等 372 位外国首脑和众多的世界风云人物登上八达岭观光游览。

颐和园位于北京西北郊海淀区内，距北京城区 15 公里，是我国现存规模最大，保存最完整的皇家园林之一，也是享誉世界的旅游胜地之一。
颐和园是利用昆明湖、万寿山为基址，以杭州西湖风景为蓝本，汲取江南园林的某些设计手法和意境而建成的一座大型天然山水园，也是保存得最完整的一座皇家行宫御苑，被誉为皇家园林博物馆。

鸟巢，即中国国家体育场，因其奇特外观而得名，位于北京奥林匹克公园中心区南部，为 2008 年第 29 届奥林匹克运动会的主体育场。
鸟巢由 2001 年普利茨克奖获得者雅克·赫尔佐格、德梅隆与中国建筑师李兴刚等合作设计。整体采用“曲线箱形结构”，建筑工艺先进。看台通过多种方式满足不同时期不同观众量的要求。

PowerPoint
操作题

图模拟 8-4

帮助主管人员完成制作任务，具体要求如下。
1. 新建一份演示文稿，并以“北京主要旅游景点介绍.pptx”为文件名保存。
2. 第一张标题幻灯片中的标题设置为“北京主要旅游景点介绍”，副标题为“历史与现代的完美融合”。

3. 在第一张幻灯片中插入歌曲“北京欢迎你.mp3”，设置为自动播放，并设置声音图标在放映时隐藏。
4. 第二张幻灯片的版式为“标题和内容”，标题为“北京主要景点”，在文本区域中以项目符号列表方式依次添加下列内容：天安门、故宫博物院、八达岭长城、颐和园、鸟巢。
5. 自第三张幻灯片开始按照天安门、故宫博物院、八达岭长城、颐和园、鸟巢的顺序依次介绍北京各主要景点，要求每个景点介绍占用一张幻灯片。
6. 最后一张幻灯片的版式设置为“空白”，并插入艺术字“谢谢”。
7. 将第二张幻灯片列表中的内容分别超链接到后面对应的幻灯片、并添加返回到第二张幻灯片的动作按钮。
8. 为演示文稿选择一种设计主题，要求字体和整体布局合理、色调统一，为每张幻灯片设置不同的幻灯片切换效果以及文字和图片的动画效果。
9. 除标题幻灯片外，其他幻灯片的页脚均包含幻灯片编号、日期和时间。
10. 设置演示文稿放映方式为“循环放映，按 Esc 键终止”，换片方式为“手动”。

参 考 答 案

一级 Ms Office 样题

一、选择题

01—05:CBBAD
06—10:ACDBC
11—15:ABDDB
16—20:BDBAB

一级 Ms Office 真题(一)

一、选择题

01—05:DAABC
06—10:ACDCC
11—15:CDBAC
16—20:CADAB

一级 Ms Office 真题(二)

一、选择题

01—05:ADBAB
06—10:BAACB
11—15:CCABC
16—20:BDADC

一级 Ms Office 真题(三)

一、选择题

01—05:CDADA
06—10:BAADB
11—15:ABCBB
16—20:DBDDB

图书在版编目(CIP)数据

大学计算机基础习题与上机指导/杨焱林主编. —北京：北京大学出版社，2018.7
ISBN 978-7-301-29604-2

Ⅰ. ①大… Ⅱ. ①杨… Ⅲ. ①电子计算机—高等学校—教学参考资料 Ⅳ. ①TP3

中国版本图书馆 CIP 数据核字(2018)第 120634 号

书　　名	大学计算机基础习题与上机指导 DAXUE JISUANJI JICHU XITI YU SHANGJI ZHIDAO
著作责任者	杨焱林　主编
责任编辑	张　敏
标准书号	ISBN 978-7-301-29604-2
出版发行	北京大学出版社
地　　址	北京市海淀区成府路 205 号　100871
网　　址	http://www.pup.cn
电子信箱	zpup@pup.cn
新浪微博	@北京大学出版社
电　　话	邮购部 62752015　发行部 62750672　编辑部 62765014
印 刷 者	长沙超峰印刷有限公司
经 销 者	新华书店
	787 毫米×1092 毫米　16 开本　10.75 印张　264 千字
	2018 年 7 月第 1 版　2018 年 7 月第 1 次印刷
定　　价	39.00 元